建築師術科考試
就是一場賽局

不補習，
自修就同時考上建築師、
高考公務員的方法論

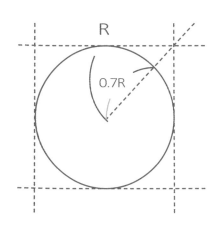

U0020604

作者｜梁世偉
TEST建築師術科考試小班教學 約翰師傅

於敬萍建築師

105年度榜示及格

在重新洗牌的那一年接觸了本書作者約翰的課程，透過課程與持續不斷的大圖練習，作者約翰幫助我在洗牌的隔年一次過關。對於「約翰流派」的訓練，大小設計不只是解題與畫圖，它更是將法規、結構、構造、建築物理環境落實於圖面的統整能力。

評分沒有標準的大小設計確實是大魔王的角色，陷入迷惘的考生必定看了許多成功經驗的案例，將成功者的表現法、解題方式視為標準答案，這裡學一點招式、那張學一些表現法，設計練習變成為了考試而生的手法，並不是真正扎根並心領神會的永久觀念。

在課程內容上，除了各科基礎能力的隨時提點，將經典案例重點分析並運用在解題上，也是很扎實的一項訓練。約翰對於案例分析的訓練很明確，拆解案例並融會貫通後對於往後的解題有很大的幫助。這堂課程，不只是為了通過考試而生，它也確實增進了自己的設計涵養。課程中將原本看似分散的科目與術科案例整合成了自己內在的養分，「約翰流派」的成員皆維持了自己的設計風格，不會因為時間的流行而取代自身的信仰。「你是建築師才考上，而不是考上才變建築師。」

接觸課程前，只覺得大小設計僅需要解題的練習，但其實時間的掌控與繪圖流程的斷捨離是更重要的訓練，如何在八小時內將每一個大項目確實完成，時間到了毫無依戀地進到下個階段，這都需要靠一些步驟技巧養成頭腦與身體的快速運轉，而這些步驟更是課程前意料之外的內容，約翰將自己的設計經驗用更有邏輯的方式設計出能被檢視的步驟，但這種步驟化並非不需思考的制式內容，這種步驟化的SOP是需要配合每一個基地、每一個題目甚至每一個議題再次轉化的邏輯思考。有了SOP，大小設計對於考試再也不是這麼深不可測的科目，它變成了一種能自我檢視的設計方法。

「沒有標準的解題，如何看到問題並埋下新問題後試圖解決它，這樣的解題才會在眾多考生中脫穎而出。」約翰帶給我們的觀念從來不是「跟大多數的考生一樣就會通過考試」的保守路線，他帶給我們一直是反向思考的能力，這已經不限於運用在建築師考試，乃至生活或工作實務上，都受用無窮。

有意識的旅行、收看以社會觀點出發的優質節目、閱讀社會趨勢的雜誌培養議題的敏銳度，都是增加肚內墨水重要的功課。有了這些時事相關的資料庫，練習畫圖不再是痛苦無力看不到盡頭的八小時，大圖練習成了與自身環境相關聯的圖面實踐，也成為了與社會現象的對話練習。書中都會有更深入的方法帶領讀者「無痛感」的增加解題深度。

作者約翰一直是一位擁有特殊看法的有趣人物，除了事情的反向思考，他也會傳遞一些具儀式性的心靈觀點增加脆弱考生的信心。這些小動作並非迷信而是一種正氣與謙遜的學習表現。本書絕對是一本需要珍藏的工具書、經典案例分析集。無論是準備考試的你們或是對於建築設計工作迷惘的任何人，期望各位閱讀完本書後都能找到能繼續在建築路上的堅持與理想。

盧浩業建築師

105年度榜示及格

來到約翰老師讀書會，是建築師考試最後一年。那時候還沒四年滾動及格制，從第一二年研究所時通過法規、構造、環控，第三年當兵時考過結構。唯獨建築設計與敷地計畫，成績單分數總在五十分上下徘徊。待第四年開始工作時準備重新面對大小設計，當下茫然。自認在校時設計也不差，但過去準備成果卻不如預期。術科評分標準是甚麼？設計品質如何量化？怎樣才是有效的備考方法？我開始思考。

透過成大建研所的宗漢，來到台南約翰老師設計讀書會。那時是老師第一次開班授課，但是當我意識到建築師術科考試是可以透過系統化方法準備時，內心是踏實的。很幸運有了這樣的前輩與夥伴，一起為了執照努力。走過看過幾個讀書會，知道這樣的同儕不容易，所以更珍惜。

那年夏天，基礎訓週末在無人的宿舍琢磨著圖，在母校成大裡的工務所上課，評圖在台南巷弄裡的城市小客廳。下課後相聚在學校旁的館子裡，無數夜裡台一線來回的熟悉風景。就像學生時代的延續。好多事情正在發生，都是回憶。

每當被同事問到下班總是熬夜不曉得忙碌些甚麼的時刻，到每次都很赤裸的評圖，塗塗改改的Ａ３草圖冊，十一張的Ａ１大圖，最後上考場時畫好畫滿的大小設計，到揉眼睛確認准考證號碼的不真實感。那些老師與夥伴們鉅細靡遺又耐心無私的分享，讓你明白你永遠不會獨行。

建築師執照不是終點，而是新的起點。感謝恩師梁世偉建築師、讀書會的各個夥伴、以及在此相遇的人生伴侶珈含，回想起來只有感謝。建築師考試這條路實在漫長，但所有的努力都會有好的結果。祝所有逐夢的人都能含笑收穫。

林沛樺建築師

107年度榜示及格

畢業那年，滿腔熱血的和朋友一起報考當年的建築師考試，在沒有任何的計畫下就只有死背，當然沒有方法的應戰，換來的結果就是……再來。就這樣經過了幾年後，因為工作繁忙的關係也無心準備，直到遇見約翰的前一年，突然對成為開業建築師有了想法，也曾幻想著像某部分人一樣，幸運的第一次就考過術科，全神只專注於「建築計畫與設計」與「敷地計畫與都市設計」這兩個科目，認真的看著各個不同解題派系的朋友所繪製的大圖，而那年的成績出爐後，讓我了解到自己需要的是更有計畫以及更有效率的方法來面對建築師考試。

一開始的幾堂課中，約翰著重在繪圖的基礎，一個大部份人都會含糊帶過或自信爆棚的步驟，畫直線、箭頭、虛線以及清楚標示各種專業建築說明……等等，這些前期讓我們要注意的小細節們，到最後竟不知不覺地變成良好的畫圖習慣。還有圖面的表現法，清楚明確地表達自己的解題，是在那短短幾分鐘的閱卷時間裡最最最為重要的事情，上課中大家攤開了自己的圖面，一起討論各種細節，約翰不會刻意去改變大家的風格，也不會特意限制要用何種繪圖工具，而是針對各自的風格去微加調整，明確的建議如何改進、如何更加顯眼……

想起每周上完課之後，腦袋都非常的痛，因為在短短的幾個小時內要思考和理解的東西太多，約翰的教學方式，不單單只是兩個科目的範圍，而是所有建築師考試科目的匯總，更加全面性地去面對所有考題。課程中也不斷地提醒及給予大家在各階段要收集的資料，針對每個題目對症下藥，因為在考場上，其實沒有很多時間去重新思考新的解題方式，必須從日積月累的隱形資料庫中拿出應戰的解題方式。

而在這過程當中有一個特別印象深刻的回家作業，手寫一張「為什麼要成為建築師？」必須盡量寫滿在打滿一公分格子的Ａ４紙上，一開始不太清楚用意是什麼，也許只是練習寫字敘述或一開始的激勵人心，但到了考試後期每當感到疲憊受挫的時候，翻開這張Ａ４紙才瞭解到，原來準備考試最重要的是決心！

真的很感謝約翰的幫助，讓我很快地找到適合的作戰方法，也懂得對自己提出各種疑問。考試需要決心和一點運氣，更加需要適合自己的方法，這些基礎訓練、表現法、快速的透視小圖訓練、資料庫的建立、時間分配，甚至是每週要我們習慣運動的小叮嚀，不僅是面對考試，對於現在獨自接案的我仍受用無窮。

林宗漢建築師

107年度榜示及格

研究所就讀時，因為朋友介紹得知約翰老師有開班授課建築師考試的大小設計，當時認為成為建築師遙不可及的我，沒有多想便加入了課程，然而跟著老師的教學步伐，我居然第一年就通過大設計，並在後兩年快速通過了考試。事後回想起來真是不可思議，這大多歸功於老師精闢的帶領，從基礎的線條練習、工具應用、解題、扎實練習，到最後考前的自我準備及心靈建設，約翰老師全都毫不保留地傳授。

在約翰老師課程裡，讓我們從只為了考試而準備，轉變為更深刻地了解建築的意義，從如何以簡單的線條來構成建築形式，到以不同的環境策略建立起專屬於自己的表現建築資料庫。課程中我了解到，在面對多樣的考題以及現代多變的社會環境下，建築師們如何以最合適的策略，帶給人們最大利益的生活品質，才是這個考試的重點；然而在這些要點及不同面向的考量，不論是建築法規甚至到新聞趨勢，都是一般建築師補習班所學不到的，也因為約翰老師，讓我這原本對建築師考試一竅不通的學生，最後能將建築化為語言，表達自己對生活的看法。

在不同階段給予最適切的建議，我想這是約翰老師帶領學生的一大特色，比起外面補習班瘋狂的練圖，約翰老師的教學方法能讓學生在不同階段建立起屬於自己的畫圖方式，最後內化成自己專屬的繪圖步驟，讓我們在考場上能抓到題目的重點，並且以自己最擅長的方式建立步驟將圖面完成，是建築師大小設計考試的一大重點；在考試過程中浪費過多時間摸索題目，或思考方向錯誤導致偏題，導致圖面無法完成，這些考生最常面對的窘境，在約翰老師精闢的教導下，會發現這些都是能提早準備並且避免的！

當然，平時大量累積的練習，工作經驗皆是對建築師考試大有幫助，然而，倘若練習的方向錯誤而自己渾然不知，最後考試落榜，豈不是太可惜！在我身邊有太多案例了，而為了避免犯下同樣的錯誤，一個有架構、邏輯清晰的教學便是在考試路上的一盞明燈；在不斷努力學習的過程中，約翰老師的課程便是我的墊腳石，讓我能在備考過程中不斷檢視自我的規劃是否有偏題及需要補足的弱點。

彼得　杜拉克曾說過：「你只需要對毫無貢獻的事物說『不』。」我想這句話便應證了約翰老師教導的核心精神，也讓我回想起在準備考試過程中，遵循老師的教導，才能讓我將所有精力以最大限度發揮在刀口上。約翰老師的課程如今能以教科書的形式出版，一定能成為所有準建築師們備考的一大利器，我相信在準備大小設計的過程中，有約翰老師的這本書的幫助，必定能在應對大小設計的過程中佈下一張縝密的網，不漏掉任何大小設計考試的任何重點，讓考生們能以最有效率的方式，儘快脫離建築師考試的這片石之海！

周雙慶建築師
109年度榜示及格

/契機/

起初是在成大的朋友圈中流傳，在台南有一個厲害的考試補習班，已經成功拯救多人脫離建築師考試的苦海；研究所的同窗好友更是在補習過後，一年過五科，而且是大小設計同時；當下聽到非常好奇與心動，因為考了大約8年的建築師考試，敷地設計（小設計）就像是夢魘一樣的，不是畫不完，就是為了畫完而在時間壓力下而胡亂套案例，分數總是只有40分上下。但是工作繁忙加上本身是在台中工作，時間與距離的抗因下，並未馬上報名參加，天真的以為自己在上班之餘會好好的念書準備。就這樣拖到了大設計保留的最後一年，除了敷地計畫（小設計）尚未尋得解方，還外帶結構、構造兩門學科需要準備。在這種九死一生的絕境下，趕快向同窗打聽這個台南補習班的管道，才成功抓到TEST這根救命稻草，認識了約翰師傅。

/改變唸書習慣/

對我來說，唸書首要課題是改變習慣！而調整習慣的方法是漸進式的增加，不可能把一個周末時間都用在運動或是看電影的人，馬上拉進圖書館去猛K 8個小時的書，這樣絕對撐不了一個月，更甚至會造成之後產生排斥唸書的反效果；身為過來人，非常了解臨時抱佛腳對建築師考試是無用的。加入了TEST的FB群組後，參閱了許多篇前輩介紹讀書方法的文章，還有約翰師傅課前的指定讀物《成功，從聚焦一件事開始》，慢慢建立了我念書與練習畫圖解題的習慣。考試到最後兩個月的時候，我不是在圖書館，就是在圖書館的路上。

/自信與心態調整/

記得第一堂課約翰就說過：「要考過建築師，心態、行為舉止、談吐就要像為一位建築師。」這句話帶給我很大的衝擊與震撼。如果我在考場展現出躊躇與猶豫不定，而非自信與堅定，那就表示自己尚未準備好接受這個頭銜。他也點破了我一個很重要盲點，建築師考試所篩選的是未來10～20年的建築師，而非套用傳統思維模式下的規劃或是設計。時代與課題不停地在變動，隨時都要吸取新知，了解整個社會的脈動與趨勢；記得我當時每天上班都在聽課堂上介紹的「獨立特派員」，也會在中午吃飯時配上「一条」享用；收集這些資訊的同時，也慢慢地建立了身為準建築師的自信。約翰也告訴我們，設計沒有絕對的答案，我們應該在題目的線索與條件中，提出我們獨特的觀點與設計，這才是閱卷老師希望讀到的。

/課程/

課程中約翰所教的每一件事情，許多已經融入我的建築人生；從畫直線的線條與筆觸練習，到比例的拿捏，徒手畫圓形、正方形……等。Kevin Lynch 的 P.L.E.N.D 規劃模式與代官山的案例分析，都已經內化成平時工作可以拿來解決真實世界案件的工具了；且參與課程的同學特性與背景都不同，明顯地發現每次畫大圖討論的時候，每個人提出屬於自己獨到的觀點與設計，大家的圖面攤開來會發現辨識度是高的。而非相似的表現法、排版、甚至是套圖式的解題。當圖面成為你的替身對評審展開天堂之門的時候，你的名字就已經被寫在建築師榜單中了。

課程中也有學長姐會回來分享，除了術科之外，還有學科的讀書方法，這邊尤其感謝回來的學姊分享了唸結構與構造的方法，尤其是結構，平時工作真的不太會牽涉到計算的部分，但是要看專門結構用書又啃得很痛苦，好在學姊推薦的結構參考書淺顯易懂，也讓我從中找回了一點對數學與物理的快樂。

/運氣＆努力＆持續/

考完試當下，其實自己還畫的蠻開心的，有一種考完會想與人分享的感動（雖然考試當下出了個險招），但就是有一種我把我目前所能展現的能力都在圖紙上表達的解放感。結果是很幸運的60分通過。從40多分到60分通過這個階段，我能明顯感受到自己的進步，從一開始拿到題目的不知所措，到能找題目中的提示與陷阱來解題，每一個動作都是踏實穩定的。另外一部分當然要謝老天爺，60分的分數一定是含有運氣的成分在裡面，透過這9個月的努力，老天爺也認可讓我能夠站上建築師的起跑線。非常感謝 TEST 課程夥伴與約翰師傅的教導與協助。我覺得 TEST 是整體的提升建築師能力的課程，考試是只一個通過點，至今我仍然維持著對時事與議題的關心，把許多 TEST 所交給我的內化成了習慣。因為當你的能力提升到達建築師時，就會考過建築師。

潘則宇建築師

109年度榜示及格

本書是絕對是通往建築師試煉道路的武功秘笈。2018年因緣際會接觸到作者建築師考試讀書會，進而認識了本書作者，在這之前我已經歷了三年的建築師考試過程，卻依然敗北於建築考試的術科裡，學習過程接觸了各式各樣的教程，授課內容有的一招定天下，有的依類型分招式，搞得議題跟玄學一樣，最後再跟同儕或其他前輩相互看圖給與彼此建議，儘管如此內心仍是一知半解。於是接觸了作者讀書會，課程內容就如同本書章節，循序漸進的調整我們的「個人特質」，過程強調不會去設定我們的表現法、美感、繪圖方式等，此句一出，我頓時充滿了好奇，充分了解作者對於建築考試觀點後，決定加入，於是開始了我的建築師考試之旅。

先聲明學習力與記憶力並非我強項，透過本書，持續優化每次的想法與議題，再歷經了三年的不斷修正圖面、思維，扎實的訓練提升設計涵養，使手法、技法、心法都融入心中；我總誇飾地和準備建築師考試的友人敘述，『當你找到了你的信仰，就盡力的追隨，如果還沒有找到，那就聽聽看我的信仰』，我們從一無所有的白紙開始，線條練習、幾何圖形畫法、符號建構，接著才是建築語彙，沒有速成，僅能日復一日練習，這也使得每位學員的特質有更強的後盾支撐；接著才是議題與案例分析，約翰要我們常常去旅行，關注社會議題、經濟行為分析，建築案例實際踏尋空間感，並利用自己擅長的方式記錄一切，讓這些空間經驗轉變為自己雲端資料，當建築空間經驗越豐富，越能在建築議題中對號入座並提出越佳解題方式；本書影響我最深的部分在於儀式感的觀點，比如要去建築旅行先做案例分析，了解歷史、構造、人文、材料等等，造訪後記錄並提出自己的建築觀點，又或是要去運動就應該先著裝運動鞋，好好暖身賣力運動，最後收操沖澡，建築考試亦是如此，目的其實都是一樣的，當你的儀式感到位時，畫出的空間便會有場所精神的體現，而非單純寫著空間名稱的可被替代之空間，諸如此類的方式適用於任何人身上，不僅改變了我的觀點也改變了做事態度，本書除了準備建築師的人必備外，對於建築或生活儀式感重視的人也推薦來上一本。

本書作者對於建築有著敏銳的觀點，大量的書籍案例分析讓建築學員們直接更直搗建築設計核心價值，並融會貫通結構、法規、構造、都市規劃，在考上建築師前你儼然已成為一位建築師，付出的努力使你成長並具有養份，而這些絕非靠運氣與巧合，仔細的拆解建築考試環節，逐步的練習，使自己成為一位建築師，當你的信仰成形，成功必在不遠處，你不會因為你成功而自大，因為這已成為你的生活日常。

洪安萱建築師

110年度榜示及格

還記得第一次上課前，約翰請我們帶一張大圖前去，以往在學校都習慣電腦製圖，完全沒畫過大圖的我，當我攤開圖紙時，發現腦袋一片空白完全不知道如何著手，那個瞬間覺得自己好像根本不會做設計，甚至開始對於畫圖會感到一片茫然無所適從。約翰的上課方式很不一樣，在每一堂的課程裡都安排了循序漸進的內容，我想分成三個階段來分享這段心路歷程。

/定心與不要小看基本功的累積/

記得第一堂課老師就要我們寫一篇文章，要我們去思考為什麼想成為建築師，每個人想考試的原因百百種，放棄的人也很多，因此心中那份促使自己想考上的原因很重要，是支持我們可以一直堅持下去的動力來源。在前期的課程裡，基本功的訓練是奠定後續畫圖質感與水準很重要的一個過程，約翰會將重點分門別類告訴我們需要注意的地方，讓練習可以更加事半功倍有效率的快速提升。除了手繪的基本功，腦海中的資料庫建立也是一個很重要的步驟，案例分析與閱讀更是養分吸收最主要的來源，曾經約翰在上課時要我們畫出印象中最最深刻的空間場景，才發現每個人畫出來的圖跟實際的場景差了千里。過去總誤以為「看」了很多案例，但實際上應該是要「畫」過很多案例。老師會要我們在課程前用畫的去分析案例，課程中再帶領我們真正的閱讀一次，最後再透過夥伴從不同角度去分享自己所看到的觀點，這整個過程就像是健達出奇蛋一樣，三種學習方式一次滿足。

/那些要上過課才能體會的事/

在前面的關卡打完以後，接下來就開始約翰精彩的解題技巧，每個人就像是廚師一樣，每個人都有各種原料素材，但要讀懂客人想要什麼，要怎麼去搭配煮出各式各樣的菜色給客人。在這個關卡也學到了很多不同的設計思維，每堂課與約翰與夥伴的對話中，都可以激盪出不同的火花。從平立透中同時做設計，約翰會解析每個關卡的重點與方法，並將這些原本嚴肅的議題轉變成活靈活現的呈現方式，讓每個人都深入其境在這些空間，透過每次不同的練習都能不斷的反思與進步。

/角色的轉換/

在練圖的過程中，分享與討論是一個非常重要的環節，約翰的引導下，每個人畫圖風格都能保留個人特色又能讓畫圖的品質與內容不斷的進步。每堂課大家都需要攤開自己的大圖以及將自己轉化老師的視角來審視，這個過程往往會發現許多自己的盲點，看別人的圖會有許多想法覺得應該要如何，重點哪裡應該要注意，但自己在畫圖的過程中卻會忽略這些重點。透過這樣的角色互動與練習，是讓自己突破自己的不二法門。

約翰的課程對我來說，不僅幫助我在考試的過程中快速進步與通過。我覺得更大的收穫是來自於課程上被老師感染對建築的熱血，以及對整個建築的思維與觀點都與我在上課前有極大的不同，以及在課程中認識各個優秀的夥伴們，都讓我心中充滿感激。

建築師考試與高考的術科，都是一場賽局。

2001年有一部好萊塢電影名為《美麗境界》（A Beautiful Mind），片中男主角羅素克洛（Russell Crowe）飾演曾獲得諾貝爾經濟學獎的數學家約翰奈許（John Nash）。他發表過眾多影響社會、經濟、政治的數學理論模型，其中最著名的就是以他為名的奈許均衡（Nash Equilibrium），也就是賽局理論（Game Theory）的其中一種型態。而賽局理論的最基本邏輯就建立在：只要每個人都根據其他人的最佳策略來決定自己的最佳回應方式，在「我認為……他認為……我認為……」無止境推論下，基於自我利益與他人利益的往復式參照過程中，許多看似沒有解答的問題，就能找到一個最趨近於真實現象、最符合共同利益的答案。

跟許多翻開這本書的讀者一樣，上大學的我選擇念建築學系，研究所畢業後工作一段時間，在朋友的激勵下抱著姑且一試的心態，在建築師考試上初登板。當時的我已在中部大學建築系擔任建築設計課的兼任講師，諷刺的是，滿懷期待打開考選部捎來的成績單時，傻眼與羞愧的滋味直衝腦門，術科考試的成績簡直慘不忍睹（建築計畫與設計：25分，敷地計畫與都市設計：46分），即使10年後的現在，回味起來仍打了哆嗦。唯一幸運的是，學科之中有一科及格，聊勝於無。也不幸的是，倒數計時已經開始，只剩三年我必須把剩下五科及格收齊，才能不需洗牌重來。於是，一朵名為壓力的積雨雲悄悄往我飄了過來。（作者註：在考選部於108年頒佈滾動式科別及格制之前，考生須在4年期限內於獲得六科及格，始得換取建築師考試及格證書。）

三年昏天暗地的日子既快又慢地過去了，103年我在公務人員高考三級上榜的同年，也考取建築師資格，一砲雙響。有別於大多數同儕同事選擇到大型補教機構進修以求取及格之路，我則在幾位貴人的引路建議下，幾乎以自修方式（作者註：只去過補習班一個下午）在4年內考取上述兩個考試，在公務人生與建築師人生中握有選擇權，我乾涸的面容上稍稍有了些光彩。更重要的是，我終於不再傻眼與羞愧於跟他人談論起術科，更對著我在大學所教過學生們說：嘿！你們看，約翰（作者綽號）不補習也考上建築師了，你們就別再找藉口啦！聞訊之後，陸續有畢業後的學生向我詢問相關準備方法，心想不如就開一堂課吧！我在105年招收第一班學生，說是一班但也不過就6個學生，這也開啟了我的另一條教學之路。有別於補教機構的大鍋炒，我堅持小班制教學，迄今招收共約50位學生，截至目前已有18人榜上有名，術科單科或雙科及格聽牌的人數就不消多言，這也驗證我所摸索出來的術科準備方法頗有綜效。

建築師考試科目六科之中，有四科為學科，分別（簡稱）為「構造」、「結構」、「法規」、「環境控制」等，雖不在本書討論的範疇中，但學科基本上只要花時間理解、勤做考古題、加上以時事預測考題方向，要過關便不是難事。而另外兩科為術科，即「建築計畫與設計」、「敷地計畫與都市設計」。這兩科相對地難以捉摸而沒有標準答案，考生需要具備獨立思考的「解題能力」與足夠清楚易懂的「圖面表述能力」。同時，考題文字中通常會留下不少線索與埋伏陷阱，若能看到線索而加以發揮則大大加分，而誤踩陷阱卻渾然不知，猶如背後中箭，只能嘆一口悶氣。因此，本書除了將聚焦在如何在短時間內取得兩科術科及格的獨家技巧之外，更強調如何培養自身成為建築師視野的心法。讓您內外兼修、軟硬皆備，在諸如建築師考試、公務人員考試、地方特考、國營事業招考等考場上展現自我，不必受限於死背補習班所填鴨的繁多一招一式，從此，降龍十八掌只要放在雲端（作者註：可稱為靈感或資料庫）隨時供你存取即可，你要學會的是如何下載到你的大腦中，並流暢地輸出於圖紙之中。

「建築師考試就是一場賽局」，你必須先理解題目提供給你的選擇，同時也要推敲出題者將透過何種機制篩選及格方案，再據以搭配自己的雲端資料庫，做出對自己相對有利的決策，也對題目本身甚至出題者都有利的答案。在這樣一連串瓦解分析並摻入個人見解的濃縮再濃縮、提煉再提煉之後，產出近於真實現象、最符合共同利益的設計方案。術科考試便符合賽局理論的基本模型，而你與出題老師就是這場遊戲的最大贏家。因為，在考試之中沒有人想要你輸，你只要讓自己贏就可以。跟我們的真實人生相比，是不是很單純呢？

這就是術科考試最有趣的地方，一方面要解讀同時也要預測，想像自己是出題者也必須是使用者，最後再用建築師的手將符合「共同利益」的方案在時限內繪製出來，讓圖紙與線條替你說話，這個「對話」的過程便是過關的關鍵，沒有之一。考試不是選美比賽，會說話的圖，才得人疼；會聊天的圖，自然風趣十足。

要記得：「你本來就是建築師才考上的，而不是考上才變成建築師。」從思考、談吐、塗鴉、繪畫、關心的話題、乃至於穿著打扮、在意的場所與氛圍等，總之……先讓自己成為建築師吧，考上只是遲早的事。

建築感

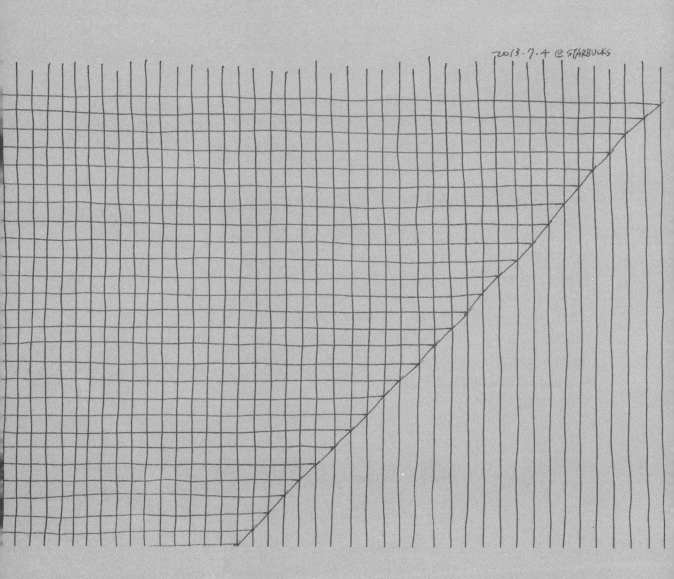

2013.7.4 @ STARBUCKS

何謂「建築感」

建築感，是一種抽象的感受描述，但是通常能透過這個「感受」去判斷某張圖或某段線條是否由建築、空間或設計專業人員所繪製。就像是大廚師所做的大菜或是各種料理，相較於業餘廚師或是一般大眾所烹調出的同一道菜，不管是色香味都具有一定的「可辨識度」，我們大概都能看得出、聞得出也吃得出其中相異之處。但這也引導出另一個問題，您想像自己是中式餐廳中的大腕，還是法式料理的星級主廚，抑或是隱藏在巷弄中而排隊人潮卻超乎想像的小吃之神？每一個設定都是箇中翹楚，各有強項，而你屬於哪一種？這有賴於開頭所提到的那個「感受」，清晰而直覺地表達出那個感受，便是重點。並非每位建築師都如出一轍，但首先要定義出屬於你的路線。

回頭來談建築感，你心目中的建築師是什麼樣子呢？在建築界中，我們也總能分辨哪些人是建築師，可能是他既專業又蓄著山羊鬍的外貌，語帶玄機的談吐與表達，又或是全身一片烏黑的穿著打扮……這都是從外貌能夠略知一二的判斷。只是很可惜，在建築師考試或各種國家考試的場合中，你的外貌與談吐並無法出現在評分老師的面前，取而代之的，只有你所繪製出的圖能代替你登場，是你出手的一筆一劃將給人留下什麼印象？想當然而，建築師的墨線與文字就該有建築師的樣子，對嗎？假設這個前提是正確的，那麼所謂「建築師的墨線與文字」有什麼特色？這就是本章節所要說明的重點。

建築師肖像

每一所大學建築系可能不盡相同，但在筆者就讀大學的年代（2000年入學），我們對於建築的初步認識都來自於建築圖學課程，這裡講的就是如何清楚地畫出一個建築量體的平面、立面、剖面，乃至於透視圖以及說明文字，簡單或是複雜都有。在 2022 年的當下，電腦輔助設計已深入至大學教育之中，已有太多學生反應過「老師，我很少用手畫圖」，或許工具與媒材有所改變，但「如何清楚表達建築的思考與設計」這個精神是不變的。然而，當下的建築師考試並無法讓你在考場中使用電腦或其他數位工具，唯一的方式就是「用手畫」，這對於過去受過扎實圖學訓練的考生而言，我想不會是太大的問題，然後對於大多數於 2010 年～迄今就讀建築系或相關科系的考生而言，我想就是一個普遍性的困難點，因為在平常的學校、職場、日常中，「用手畫」出設計的想法與他人溝通的頻率實在太低，以致於我所接觸到的學生當中，使用3D 軟體建模渲染都是一等一的高效率，但要「用手畫」出一個平面、透視乃至於細部，彷彿是頭腦當機或是在登出畫面中，總是有那個難言之隱，沉默了半晌丟出一句：老師，我可以先用電腦畫完印出來，再用手描圖嗎？我回答：可以啊，那你先把電腦搬進去考場再說。（開玩笑的，術科考試不可使用電子設備。）

不用緊張，每個人天生都會拿筆塗鴉、畫畫，這是再自然不過的表達方式。差別只在於術科考試中，我們有一個明確的目標，就是讓自己畫出「建築師」所畫出的圖，而不是幼稚園小朋友或素人的隨意畫。

接下來我們就分別利用各種我們在考場中會畫到的「物件」（如下表），一一定義並試圖讓各位讀者理解，具有「建築感」的物件長成什麼樣，該怎麼畫它，以及用在何處。那我們就開始囉！

本章重點

1-1	線條、符號、幾何形
1-2	景觀、交通工具、戶外設施
1-3	建築技術規則中的建築元素

1-1
線條、符號、幾何形

1-1-1 線條

建築師是一個必須善用線條的職業,由線條構成圖像,對外傳達想法,對內檢討優缺。就像戰場上的士兵,當所有的彈藥都用盡之時,從身上抽出的那把短刀,最基本且握在手中的最小化武器,用途廣泛且想像無限。

具有建築感的手繪線條,必須掌握一些原則:
A. 有頭有尾的一筆
B. 穩定均衡的多筆
C. 隨興且自然的抖動
D. 延伸感

圖 1

A. 有頭有尾的一筆

一個線段，不管 1cm 或 100cm，總是有開頭之處也有結束之處，聽起來很像廢言，但若能清楚地告訴觀者每一條線條的起點與終點，那份安定感與確定性，會幫助你建立起一個潛意識中的形象：我知道我在畫什麼而且我能夠有效地控制它。這對於觀者而言，是一個「辨認」建築師的敲門磚，就像我們看到哨子就會想到糾察隊或警察那樣自然。

很簡單，我們在線條開始之處，稍微用力輕壓 0.1 秒，再開始往想要的方向畫去，假設畫了 10cm，請在終點結束時同樣輕壓 0.1 秒，並把筆頭抬離紙面，就這麼簡單，你已畫出一條有建築感的線段。也請不要小看這個小動作，若非刻意練習，很少人能在潛意識中這樣做，而能自然而然這樣做的人，通常從事與建築或空間相關的職業。

圖 2

請記住，若您正在準備術科考試，您接下來的所畫的每一筆線條，請讓它「有始有終」，知道從何而來也知道情歸何處。不論是鉛筆、墨線（以下為針筆、代針筆、原子筆、鋼筆等任何產出墨水線條的文具統稱）、麥克筆或色鉛筆，請你用一樣的態度去使用這些工具，畫出有自信的線條吧～以下請練習：

|————————— 10cm —————————|

B. 穩定均衡的多筆

當你能把上述有頭有尾的每一筆都像呼吸一樣,自然而然地內建於自己的手與筆之後,接著,請以上下間距 1cm 畫出同樣長度(約 20cm)且不間斷的每一條線段,從頭到尾相互平行且維持彼此的間距,同樣在開頭與結束時輕壓。在這裡提醒一點,每一條線都盡量在 3 ～ 4 秒內完成,可不能 1 條 20cm 的線畫 20 秒,畢竟,在考場時每一秒都是珍貴的資源。

圖 3

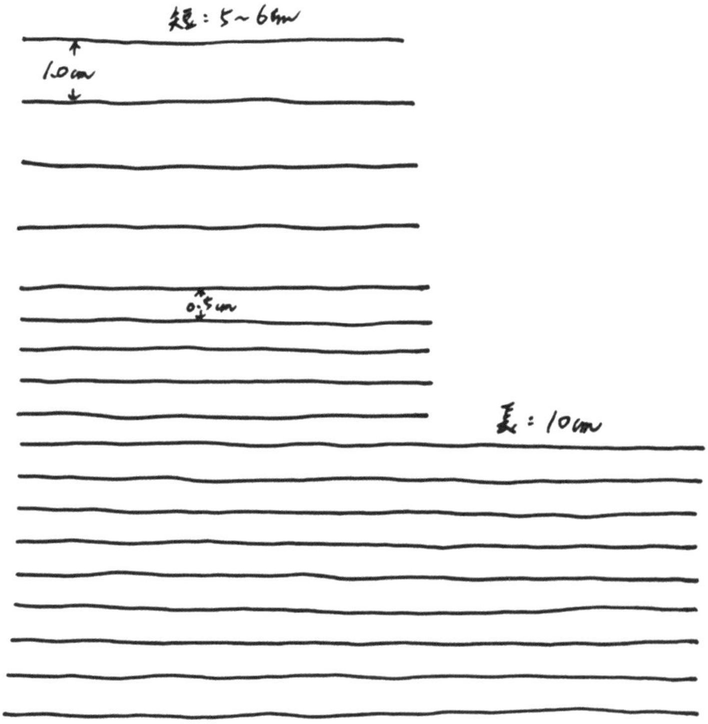

有嘗試了嗎？如果每一條線都是在短時間內畫出，是否發現線條之間的前、中、後各段，上下間距有大有小也有高有低，說是平行線卻亦又看起來不太平行，這是正常的現象，正因為平常要畫平行線，我們不是透過電腦繪圖就是用尺規，但現在你只能徒手畫，因此總需要畫些時間適應。

在此建議各位讀者，在準備考試的初期，每天都畫一張A4（21cm×29.7cm）尺寸紙的線條練習，直式由上而下地，透過你的手穩定輸出每一條線，每條線都會是20cm左右。經過日復一日的練習，線條穩定度增強之後，可以試著將上下間距所短至0.5cm，難度會高一些，挑戰成功之後，請把A4改為橫式，每條線就會接近30cm，更能增強手腕的肌肉與微小動作的運用。

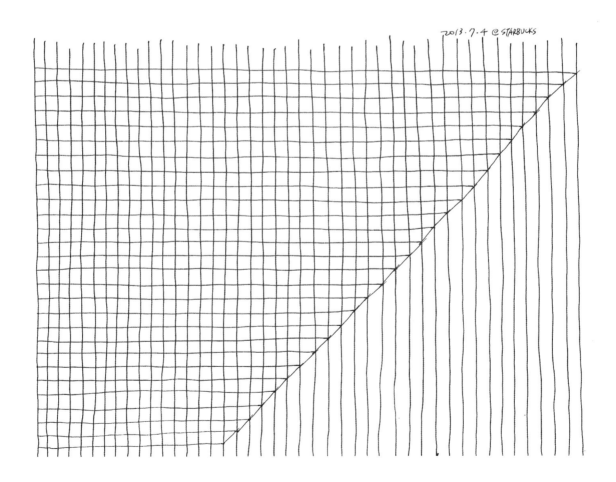

2013.7.4 @ STARBUCKS

C. 隨興且自然的抖動

既然在考場之中我們無法使用電腦繪圖，徒手畫是唯一的方法，那麼我們接下來來討論，怎麼樣的徒手畫線條具有那份建築感。我的心得就是「遠看似直，近看微抖」，既不需要追求電腦繪製般的絕對直線，也不必讓線條看來飄忽不定，因此畫出「隨興且自然抖動」的線條，絕對是考場中的必須。至於要如何微抖而不至於過抖，我覺得這沒有標準答案，找到自己的手感才是重點，就像並不需要如仿宋體般的書寫才是標準字體，端正不歪斜且有自己韻味的字跡，寫的人輕鬆，看的人舒服。下面是筆者示範的幾組線條，這是我自己的韻味，你的呢？

另外也需要關注的一點，在考場中，時間是稀缺資源，8 小時的建築設計如此，4 小時的敷地計畫更是如此，分秒必爭，不然絕對無法完成一張大圖。因此，同樣畫每一筆線條的時間越短，效果越好，這就是整張大圖的穩定度基礎，只有讓自己習慣於這樣忙而不亂的節奏，就是扎穩馬步了。

圖 4

D. 延伸感

不論建築師考試或其他國考，術科考試中所做的每一個設計都是所謂的「方案設計」（schematic design），既不如細部設計（detail design）般嚴謹且極度真實，也不如概念設計（conceptual design）般天馬行空且不計尺度。因此，在考場中畫出的每一張設計，都是在「提案 proposal」，提出一個有想法理念又貼近於現實的方案，便是我們正在追求的狀態，一個具有彈性的狀態。

而線條如何表現出這樣的狀態，關鍵在於線條的「延伸感」，一種具有界定的意味，又有擴張或是收縮的彈性狀態，便是方案設計的質感。在考場中如能表現出線條的延伸，都能為各位帶來一個具有可能性、穩定性、建築感的彈性狀態。

以下是我的示範，各位讀者可參考並找出適合自己的延伸感。

圖 5

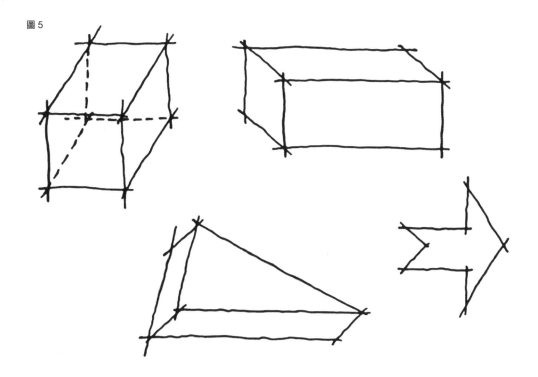

1-1-2 符號

當我們能夠穩定地畫出有自信的線條之後，便能利用這些線條來構成一些圖像，並傳達你的思考或想溝通的內容，而「符號」通常都是我們經常使用的意思表達工具，利用符號來旁徵博引、譜寫關係、描述狀態，就像小嬰兒能發出聲音，就能利用不同聲調與聲量來表達需求。

在建築圖面中，常使用到的符號不外乎以下幾點：

A. 實線與虛線
B. 單箭頭與多箭頭
C. 指北針與比例尺

以下就一個個來詳加說明吧！

A. 實線與虛線
經過上階段的練習，你已經能掌握劃出有建築感的線條，我們就接著討論這些線條還有什麼變化型。首先，「實線」在術科考試中，我將它概略分成三個種類，也就是「線的三重奏」，不同寬度的線條承載著線的「重量（lineweight）」，虛線亦然，也就是輕線、中線、重線。在考場中，**「輕線」用來繪製尺度較小的元素**，例如室內傢具、鋪面分割等。**「中線」則用來繪製所有中性的事物**，可以是停車位、樹木、人與活動等，而**「重線」則是用以加強最醒目的局部**，例如地面線 GL、柱位、柱樑版牆的剖線、圖名與各種輪廓線。善用這三種不同重量的線條，便能在考場中繪製出具有說明性的圖面，而不需要像在電腦上繪製圖面那樣，分了 5～10 種不同線粗。也因為這樣的工作習慣，常有剛接觸考試的考生，準備了 4～5 種甚至更多不同粗細的墨線筆寬，從 0.05mm、0.1、0.3、0.5、0.8 到 1.0mm 都有，但其實在考試的場合中，其實是不太必要的。這部分在後續篇章（第二章：工具）講解製圖工具時會再說明。

圖 6

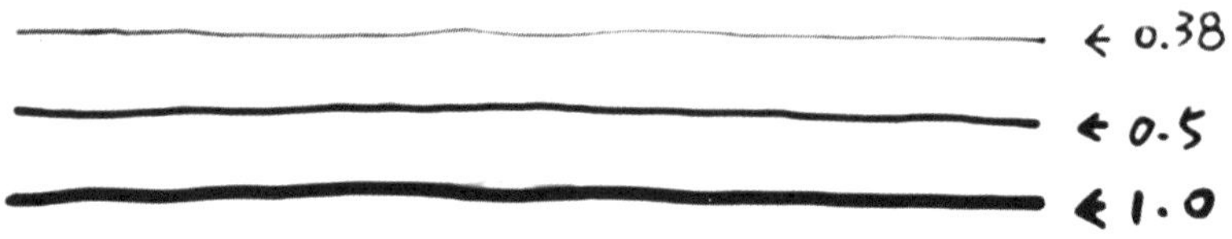

← 0.38

← 0.5

← 1.0

請看看下列這張圖，圖中共有幾種不同實線呢？

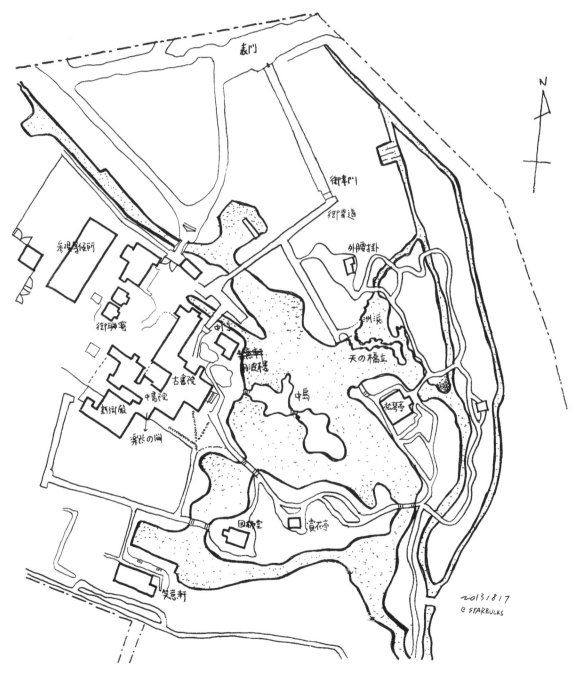

圖 7　京都桂離宮平面描圖，圖中共有三種線條。

B. 單箭頭與多箭頭

在建築相關的考試中，常常要透過「說明圖解」（diagram）向觀者解釋空間的組成或分區分群，在這個量體配置的過程中，常常會考慮到周遭的環境因素、動態或靜態的影響因子、風與光的流淌等，這個時候，使用箭頭作為由 A 到 B 的說明，是再簡明易瞭也不過。

箭頭本身我把它分為兩個大類，「單箭頭」與「多箭頭」。單箭頭可以是簡單的一筆實線與一個「>」構成，也可以是虛線與「》」、「>>」或「▲」構成，單箭頭各自都能運用在不同的說明系統中，例如行人的散步路徑、自行車的車道、大眾運輸動線的方等，你都可以賦予屬於它們自己的符號特徵，如此一來，在考場中就不需要臨時抓破腦袋或是將同一種箭頭用在不同事物上的模糊窘境，導致觀者無法即刻了解你的設計意圖。

而多箭頭，簡而言之就是「複合力量」的描述，或是當起點或終點不只一個的情形下，必須用多個箭頭來說明，可能是一股氣候鋒面強勢而過、太陽在天空中的軌跡、夏至與冬至的日照角度變化等，都是採用多箭頭的時機。在考試圖面當中，我會把這個代表複合力量的箭頭畫得相對明顯與精緻些，雖然可能需要多花一些時間描繪，但頗具畫龍點睛之效。

下頁圖中就是我常用的單箭頭與多箭頭，挑幾個喜歡的自己動手改造一番吧。

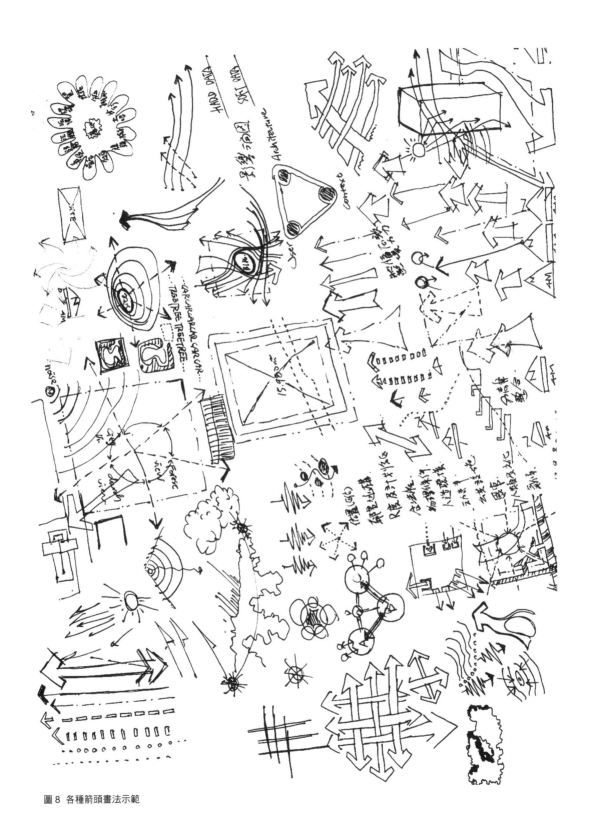

圖8　各種箭頭畫法示範

C. 指北針與比例尺

要辨別一張圖像是建築圖或是藝術塗鴉，最快的方式可能就是注意有無「指北針」與「比例尺」的存在。通常**建築圖所描繪的對象就是存在於某個基地環境之中的建築物或空間本身，因此如果要閱讀環境與建築之間的紋理關係，指北針是不可或缺的角色**，第一眼讀圖時搞懂東西南北的方向是建築人的慣性，所以有個簡單明瞭的指北針符號是很重要的。

而每張建築圖，正因為描述的對象是具有「尺寸」（dimension）的空間，除了可能帶有空間感大小、法規檢討、距離的意義外，更重要的是，建築設計中常說的「尺度」（Scale），許多世界上好的建築設計不一定是多大或多小，而是尺度感足夠精彩才引人注目，**而比例尺是幫助觀者理解各種空間計量的資訊，藉此在心中想像出那個空間的尺度感。**

以下是我收集而來的幾種指北針與比例尺畫法，一樣也請讀者參考，建立起屬於自己的符號畫法，到考場中就不需要臨時抱佛腳了。

圖 9　指北針與比例尺畫法示範

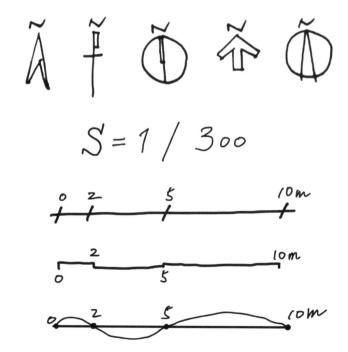

1-1-3 幾何形

建築術科考試是主要以「圖形」為溝通媒介的對話過程，必須使用許多的幾何圖形作為基本元素，加以交集、聯集、差集，在圖面上構成一個個代表空間量體或圖樣的形狀，賦予圖面與現實世界連結的意義，讓觀者能夠閱讀其中涵義。

在建築圖面中，常使用到的幾何形不外乎以下幾點：
A. 正方形與矩形
B. 圓形與橢圓形
C. 三角形
D. 多邊形

以下就一個個來詳加說明吧！

A. 正方形與矩形
在考試之中，正方形與矩形是最常使用的形狀，原因不外乎他能最快速表達一個被框選起來的範圍，同時也說明了範圍的內與外，以及內外之間的關係。正方形與矩形兩者的共通點就是有四個均衡配置的「角點」，當我們學會徒手畫出穩定的線條之後，在四個角點之處必須有往外延伸的起點，如下圖，如此才能有「建築感」。不管是草稿或是在上墨線之前的任何一個推想的過程，都可以如此繪製這些「方塊」，而在正式上墨線之時，就只要一筆一筆將墨線疊上去連接成一個完整的方塊。

圖 10 正方形　　　　　　圖 11 矩形

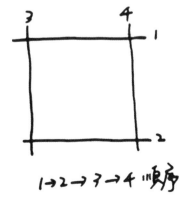

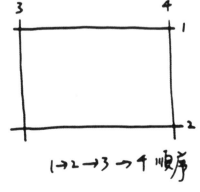

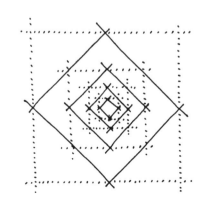

B. 圓形與橢圓形

除了樹木是大量的似圓形之外，可能在量體、鋪面、廣場或水池的範圍等，我們都會使用到圓形這個元素。在考場中，當然可以使用圓規去畫出一個完整且完美的正圓，但是會在圖紙的表面留下圓心的破洞，也稍嫌費時。如果我們能**徒手畫出直徑在 8cm 以內的正圓**，其實就夠用了，而大於 8cm 的圓使用到的機會甚少，如果真的必須畫出較大的正圓，那麼它必然是個重要的元素，這時候我們才會考量把圓規拿出來使用。

而橢圓形就像是接近矩形的似圓型，用途同正圓型，差別只在於橢圓形多了些指向型，因為有長軸與短軸之分，可以在設計方案之中配合基地環境或是周遭動線的開口，做出軸線的指向性，也是個好用的工具。

下列就大家可以參考量圓型、橢圓形的畫法，利用格子畫畫看。

圖 12 圓形畫法示範　　　　　　　　　　　　　　　　圖 13 橢圓形畫法示範

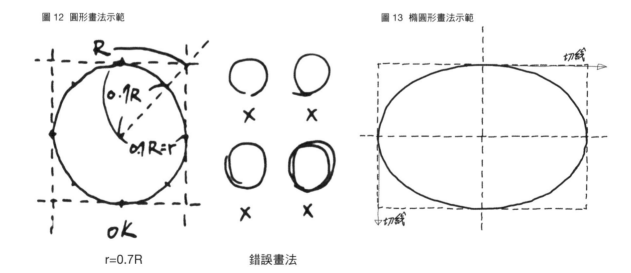

r=0.7R　　　　　　　　錯誤畫法

C. 三角形

三角形在考場中的使用，例如停車格的指向、立面造型、說明的
箭頭、鋪面的分割等會使用到，一樣也是以徒手畫的方式，在格
子上畫出正三角形、等腰三角形、底比高大許多的扁三角形，都
是可以練習的方式。

請各位參考下列的畫法，畫出簡潔又大方的三角形。

圖 14　三角形畫法示範

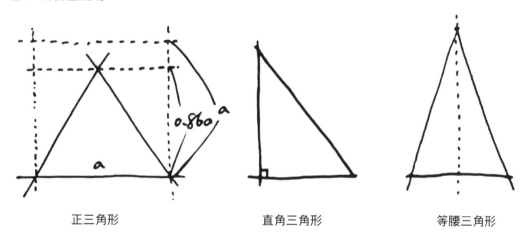

正三角形　　　　　　　直角三角形　　　　　　等腰三角形

D. 多邊形

這裡所說的多邊形，除了五角形、八角形等正多邊形以外，還包括
由曲線構成、類似變形蟲的圖形。前者，常用在平面的量體形狀，
尤其是地標型建築或是有些宗教意味的造型，後者，則常常出現在
描述森林、樹陣、池塘等較偏向自然地景元素，所以都是很特別且
重要的型態。不論怎麼畫，重點就是**須有「完型」（Gestalt）的觀
念**，例如你要畫出一隻變形蟲，它不能太過張狂與紛亂，而是要在
一個完整的範圍當中構成，就像地球有五大洋、七大洲等都是十分
有機的造型，但不管地球怎麼轉，看起來都是一個完整的圓型。所
以不管你畫的是森林或湖泊，都盡量是一個完整的造型。

再請各位多多練習，**建築師所畫的造型都要是「受控制」的。**

圖 15 多邊形畫法示範

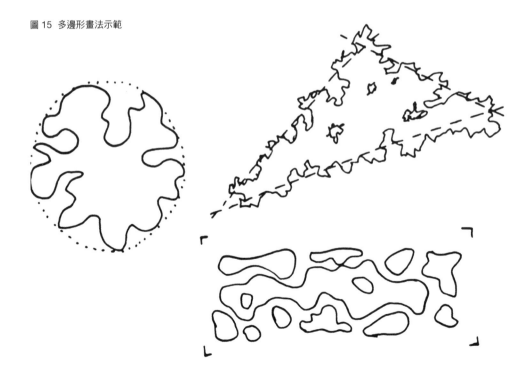

1-2
景觀、交通工具、戶外設施

1-2-1 景觀

對很多考生來說，繪製植栽幾乎是在考場中或是平日練習大圖時最常使用也花最多時間的作業，畢竟建築物在一個基地上占地可能不到50％的面積，而剩下的超過50％的範圍內除了步道設施與水池之外，就是眾多植栽所出現的區域。因此，可以說能夠好好地畫出植栽與水景，你也就掌握的50％左右的設計版面。對我來說，植栽並非都只是「樹」，它們有著「品種」上的差別，我至少會將植栽分為以下這幾個大類：

a. 森林、雜木林、樹叢
b. 大喬木與小喬木
c. 灌木與草花
d. 草地

除此之外，也還有「功能性」上的差異，例如喬木就有行道樹、老樹、防風林、防火林、有防災機能的樹木等，而灌木與花草則有綠籬、誘鳥誘蝶、觀花觀葉、季節香味、落果的區分。因此，在大分類之中做細微差異化，便是描述功能的方式。

a. 森林、雜木林、樹叢

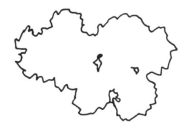

b. 大喬木與小喬木

c. 灌木與草花

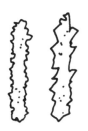  

d. 草地

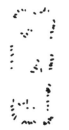  

上一頁幾種植栽的畫法供讀者參酌利用，請各位讀者可以畫得很美，但是要謹記一個原則：**用越少時間越好＝筆畫越少越好**，你總不希望把考場中珍貴的時間都拿來種植樹木吧，那或許該去考景觀設計師，而不是建築師了。

我們常說「水與綠常相伴」，水池在設計中不僅扮演著優化景觀的角色，也同時調和微氣候、綠建築與生態設計，也具有防災的機能。而水池的畫法人人各有不同，重點在於如何將水與綠相混而生，在水中有綠，也在綠中有水。水池可分為下列種類：

a. 觀景水池
b. 戲水池
c. 生態池
d. 雨水貯集滯洪池

在此我們先展示平面上的畫法，有關於更專業的生態池或滯洪池剖面，後續會再帶到。

a. 觀景水池

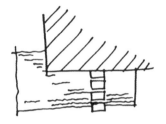

b. 戲水池

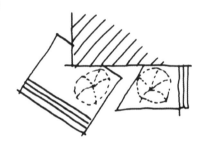

c. 生態池

d 雨水貯集滯洪池

1-2-2 交通工具

在建築術科考試中，除了空間與景觀之外，也必須安排到許多交通工具的配置，也影響著空間的布局與生成。在每一年的考題之中，若在市區之中，一定會碰觸到自行車系統或大眾運輸系統的議題，而若是在郊區，河面或湖面上的水上交通工具也是各位可能會畫到的物件。

與人最相關的幾種交通工具，從小到大可以分為：

a. 在路上的有自行車、機車、汽車、貨車、公車、火車（或捷運）。

b. 在水面上的有小船或獨木舟、帆船、客船、郵輪。

a. 陸上交通工具

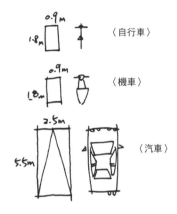

0.9m
1.8m 〈自行車〉

0.9m
1.8m 〈機車〉

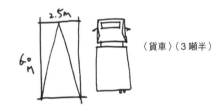

2.5m
5.5m 〈汽車〉

2.5m
6.0m 〈貨車〉（3 噸半）

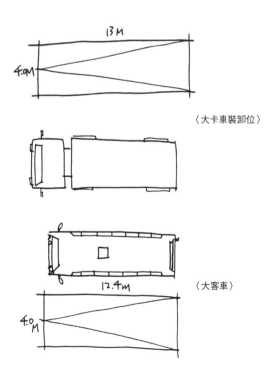

13M
4.0M 〈大卡車裝卸位〉

〈大客車〉

12.4m
4.0M

因此，請各位考生必先準備屬於自己的一套表現方式，而更重要的，畫交通工具要畫得像一定難不倒各位，畢竟從幼稚園開始我們就會畫了，但要如何傳達出「建築感」呢？關鍵就在「尺寸」不能差太多了。

因此我會建議，請讀者在練習時，務必將「車子與車位」或「船是以英呎為單位」考慮其中，如圖所示，就請各位多多練習了。

b. 水上工具

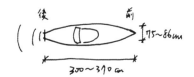

〈獨木舟〉

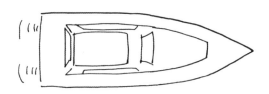

〈遊艇〉尺寸不一，長度最小約 12m，最大可達 40m

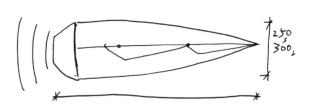

〈帆船〉780cm（26 尺）以上

1-2-3 活動設施

人類除了食衣住行之外,生活之所以有趣,很多的快樂來自於運動、遊戲等休閒活動,因此在考試之中,也常常要我們去安排上述這些戶外或室內活動設施的配置,通常也跟人潮的進出有關。因此,我們一定都有過觀賞或是從事這些活動的經驗,但要我們畫出來可能就不一定畫得出來了。

所幸這些**運動設施與場地雖然有大有小,但是幾乎都是相似的長寬比例**,例如籃球場與羽球場雖然面積差很多,而若概略地觀察它們的尺寸,其實都**建立在 1:2 的比例之中**,因此我們只要記誦住下列這些尺寸的相對關係,在考場中就很容易能畫出大致不差的場地或是設施,很簡單的,以下就請各位讀者多嘗試看看。(以下圖面尺寸均未含四周緩衝空間)

a. 乒乓球桌,約 1.5m×3.0m(2.75m)

b. 羽毛球場,約 6m×12m

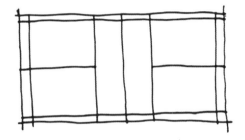

c. 排球場,約 9m×18m

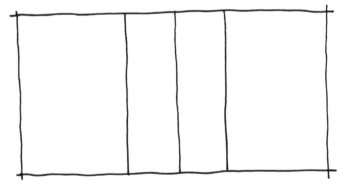

d. 網球場，約 12m×24m

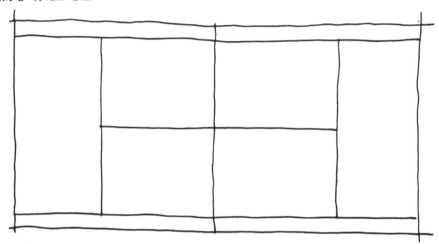

e. 籃球場，約 15m×30m

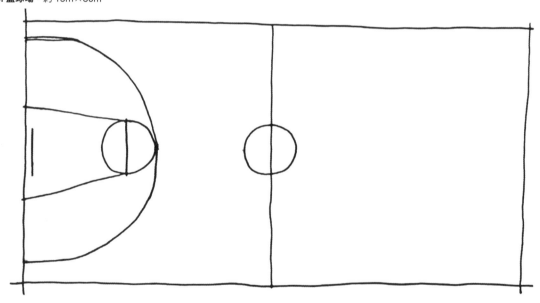

f. 足球，約 68 m×105m

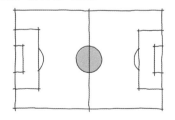

g. 棒球場

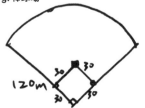

h. 泳池，泳道寬 2.5m

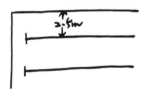

1-3
建築技術規則中的建築元素

每位在職場中從事建築設計工作的讀者，一定對於這本聖經《建築技術規則》（下稱技則）非常的熟悉，幾乎每天的工作中都會翻個好幾次。而對於剛從學校畢業不久的考生而言，就相對比較陌生，但這也是出題老師或是評分老師在圖面上可以快速分辨每張圖的作者是否具有足夠的建築設計經驗之依據。當一位準建築師畫出來的圖面都有比較準確的尺寸時，那份「建築感」當然就自然流露而出。

在技則當中，設計施工篇就有超過 300 條以上的各式條文，規範著所有建築物的設計依據。在有限的篇幅中，我歸納出下列在考場中幾乎每年考題都用得到得幾個條文與項目，請各位讀者以將這些尺寸記誦在腦海中作為最基本的要求，將畫出這些元件化為反射動作，才不至於在考場中花過多的時間從頭推演，時間不等人呢。

a. 走廊

國小校舍、國中以上校舍、補教

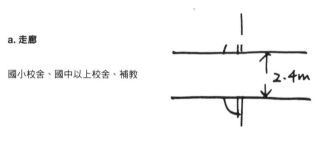

兩側教室則 2.4m，其他則 1.8m

醫療院所

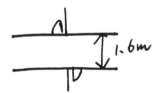

兩側有居室則 1.6m，其他則 1.2m

其他用途，應依面積區分。惟考試只須簡化為單邊或雙邊有居室，尺寸同上

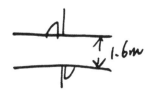

兩側居室 1.6m，單側 1.2m

b. 一般直通樓梯

考試為簡化背誦，以最嚴格之小學校舍為準。

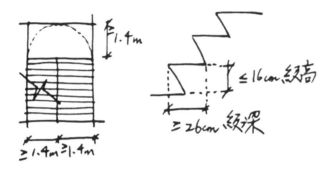

c. 安全梯（含特別安全梯、戶外安全梯）

進入安全梯之門扇迴轉半徑，不可與樓梯之迴轉半徑相交。

d. 無障礙電梯

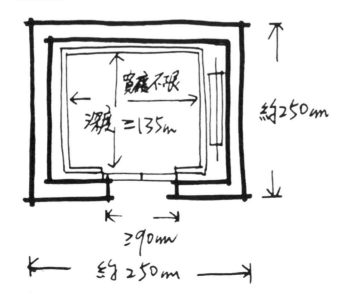

e. 電扶梯

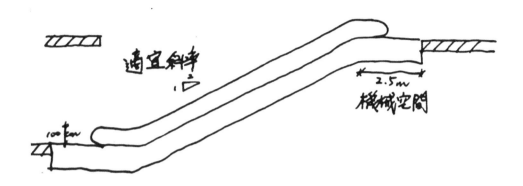

適宜斜率

100 ㎝

2.5m

機械空間

f. 無障礙廁所

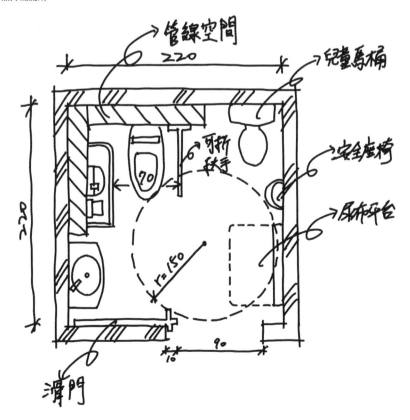

管線空間

220

兒童馬桶

安全座椅

可折扶手

90

尿布平台

r=150

220

90

10

滑門

第一章結語

各位讀者在就讀建築或相關設計科系時，一定讀過不少國際級建築大師的作品集，也都看過大師的手稿百百款，不管是那如同萬馬奔騰的狂草，或是虛無飄渺猶如秘境探險的抽象畫，都是每位大師的極致展現，就如同右頁幾張圖是筆者模仿的大師手稿，可以猜得出各是哪位大師的筆跡嗎？

猜對或猜不對都不是重點，而是在考場中「不要這樣畫」，原因很簡單，一來假以時日功成名就成為大師之時，不論畫什麼都具有「藝術價值」，自然會有人欣賞，二來考試就是一個「對話」的過程，既然想透過對話來拿取該有的分數，那麼自然不能過於隨興。就像我們出遊時在半路上問路，要是路人跟你說：嗯，風蕭蕭兮易水寒，壯士一去……啊不是，我是說你要去的地方瞻之在前，忽焉在後，猶如兩兔傍地走，腳撲朔而眼迷離，就在五月天山雪，無花只有寒呢，好掰掰……

覺得這樣形容很誇張嗎？其實在考場中，如果不能將自己的設計想法表達清楚，我們畫的圖如果太抽象又或是太單薄，對觀者而言那感覺相去不遠矣。

圖 16　猜猜看是哪幾位建築師的筆跡

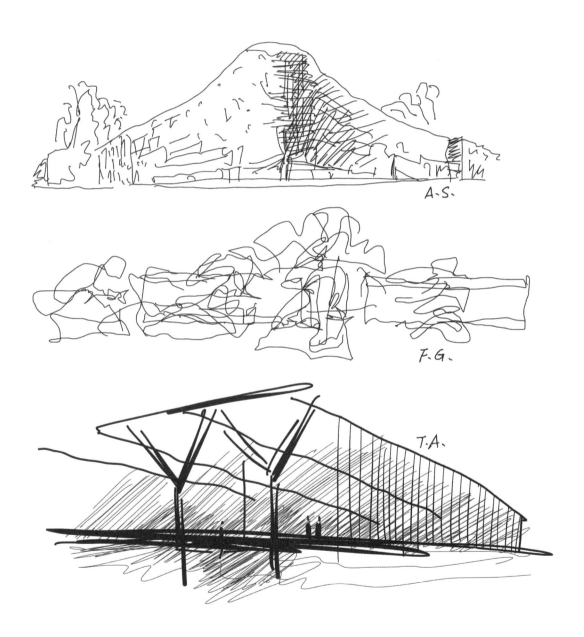

第二章

工具

「工具」是朋友

正如至理名言「工欲善其事，必先利其器」，如同戰士上戰場之前，必先整備好自己的武器，不管大至坦克大砲，小至刺刀斧頭，最終都會回歸到戰士本身的拳頭是否有力，體魄是否強健，頭腦是否清醒，最靠得住的永遠是自己。術科考試也不外乎如此，縱使擁有再眾多、再先進、再高端的文房四寶，是否能夠有效利用且發揮每個工具的角色，這可謂是考試的基本戰備思考，不可忽視。

上考場，術科考試以最單純的「輸入」及「輸出」而言，最終的輸出就是一張對開大小的圖紙，單面（或雙面）記載著每位考生對於當年度考題的思考與回應，以碳粉、墨水、色彩作為媒介，表達在這張有限的版面之中。在考試的場合中，我們都用不上我們最熟悉的電腦輔助繪圖軟體，更遑論帶電腦設備或是平板手機等數位工具進入考場，你所能使用的只有「類比」工具，也就是最原始的眼睛、手指與所有能讓你或坐或站於圖桌之前的身體。因此，身為幾經考場的過來人如我，想傳達給你的是：在考上建築師或是公務員之前，你需要讓自己成為自己的工具，把自己當成自己的「工具人」。

在此，我們嘗試由前到後（以在考場中的使用順序論之）跟各位將赴考場的考生介紹最重要的幾項工具。各位念建築或設計的朋友，一定聽過 Mies van der Rohe 的名言「Less is more」，少即是多。在討論工具的種類時，筆者也抱持著同樣的信念，能夠用越少越簡單的工具，表達出越多越豐富的設計，這件事情本身在考場中也是成立的，更重要的是，他不僅替你省下了金錢（購買設備、文具或耗材），更關鍵的是，也替你省下考場中唯一的稀缺資源──時間（頻繁換工具是最殺時間的致命傷）。

本章重點

2-1
磁桌與平行尺：一方天地

在考場的術科考試之中，每個人最多只能使用 2 ～ 3 張單人座的課桌椅，拼湊搭建起自己的小戰場，照理說，有這幾張桌子我們就能畫圖了，在學校或是辦公室又何嘗不是如此呢？ 但問題就在於，如果剛好你被配發到很雷的課桌椅，有高有低，品質不一，雖然考場會準備好一些木板讓你墊在桌上或是自己架上丁字尺來使用，但在考試這種需要心無旁鶩的場合，我們都不想有什麼無法預料的狀況。因此，要解決這個問題，筆者絕對建議每位考生擁有自己的正 A1 磁桌，尺寸為 90×70cm，這個尺寸是略大於考試用的圖紙大小，約為 78.5×54.5cm。磁桌不只是拿來安置圖紙，更重要的是上面所架設的平行尺，平行尺能讓你快速畫出一條又一條的平行線，而為何要畫出這麼多平行線呢？ 就是為了一件事「打格子」，這堪稱準備考試前期最重要的事（請詳見 2-2）。

為了快速打完、打好格子，筆者會在磁桌的左右任一邊預先做好 2cm 為一格的間距，由上到下，如此便可不需使用第二支尺規，便能快速在圖紙上畫出每 2cm 為間隔的平行直線，圖紙的水平向畫完再將圖紙轉向，接著畫完垂直向，格子就打好了。而有了這些格子，考生們就可以把其他的尺規，甚至磁桌都收起來了，因為，從那一刻起，這些格子就取代了尺規，不管是繪製草稿或是上墨線只要參考這個格子系統就行了，每一格就是 2cm，如果所畫的是比例 1：200 的平面圖，那麼每格就是 4M，而一般 RC 建築物的適宜柱間距大約是 8M，因此只要數了兩格就可以落下柱位，進而整理好整張平面的結構系統，就是這麼快速簡單。筆者推薦這樣的製圖習慣，可以替您省下考場中最稀缺的資源，同時也是致勝的關鍵，就是「時間」。

考生們或許會問，扛著動輒 4～5 公斤的磁桌進出考場，煞是累人，除了打格子，一定還有其他功用吧？ 筆者很殘酷地回答：沒了！只是要打格子而已。但千萬不要小看打格子歐，快速打好格子（5～7 分鐘）一定讓你上天堂，格子若打不好，考場儼然煉獄。

最後，使用磁桌還有另一個重點，便是磁性。一般圖桌都會附上長短不一的鐵片，可以吸附在具有磁力的磁桌上，藉此固定圖紙，讓你在打平行線時更順手，而且不需使用一個筆者最討厭的物件──膠帶。可以試想，存放過久或受熱變質的膠帶，在你的圖紙上留下斑斑點點的殘膠，整張圖就像長了蕁麻疹，看著就過敏了。

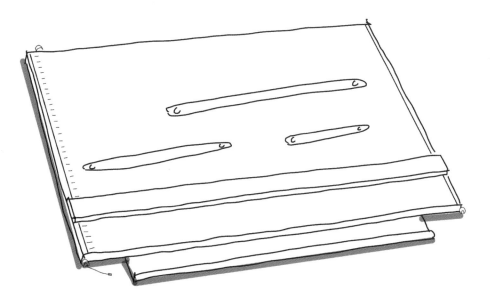

圖 1　A1 尺寸的磁桌

2-2
細頭淺色麥克筆：打好格子

本章開頭延續上一個小節的重點——打格子。相信打格子的用意大家都已經理解。那麼，該用什麼種類的筆來打格子呢？有些考生會用鉛筆，筆者相當不建議，因為在畫草圖的過程中不免修修改改，用鉛筆線畫出的格子太容易被橡皮擦擦掉，那不就等於白打格子了嗎？在分秒必爭的考場，我們不太喜歡做這樣徒勞無功的事。也有些考生會用自動鉛筆但是不裝筆芯（或是將筆芯退入筆中），利用自動鉛筆的金屬前端在圖紙上「刻」出平行線與格子，筆者同樣也不建議。一來，術科考試所用的紙質普遍粗糙，偏軟不耐刮，要是用力過猛把圖紙刮破了，那可是欲哭無淚；二來，在圖紙留下這些刻痕之後，不管是畫線、上色、寫文字，都會被這些看似隱形的刻線所切斷，然而卻造成線條中斷或是色塊不均勻的結果，不甚美觀。另一個筆者不建議也不排斥的筆種，就是色鉛筆。色鉛筆相對鉛筆不容易被橡皮擦擦掉，也不太會在紙上留下刻痕，但是有一個麻煩之處，只要是鉛筆類的工具，就會「鈍化」，畫第一條線時那是尖銳的細線，但畫到第十條線時，筆尖已經消磨成中等寬度，再繼續畫下去只會更粗更鈍，要避免此狀況，就是要削鉛筆、磨蕊等工序，這在在都需要程序與操作時間，有違於筆者的「少即是多」原則。**能夠少一點工具就代表能夠減少切換工具、尋找工具、維護工具的隱形時間成本。**

可能還有很多種不同的筆種可以拿來打格子，但筆者最為推薦的就是細字、淡色、塑膠筆頭的麥克筆。細字，代表所畫出的線條約莫在 0.5mm 左右，在考場時這樣的線條作為背景當中格子線相當適中；淡色，代表著淺藍色、淺綠色或是淺黃色等，必須夠淺色，格子線條顯得更低調，出題老師在讀圖打分數時不容易被格子干擾，而選擇藍、綠、黃這三個色系，便是因為這些格子線最重會跟設計當中的水系（藍）、景觀（綠）、大地（黃）混合，就像是保護色一

般融入整張圖中，但需要量測尺寸時又能清楚、快速辨認；塑膠筆頭，指的是一般麥克筆是紙纖筆頭，如果拿來畫動輒數十公分的格子線，筆頭與紙面高速磨擦之後，很快磨耗殆盡。因此，筆者推薦偏向於塑膠頭的細字麥可筆，使用壽命較高。

好工具，一定必須具有好運用、高效率、少維護的特點，筆者會將淡色細字麥克筆視為消耗品，每支筆的壽命預估為打完 2～3 張大圖的格子，便收歸淘汰之列，約 30 元上下的單價，筆者認為是可以接受成本與效果。進考場之前，筆者會準備 2～3 支全新的、不同廠牌的淡色細字麥克筆作為備用，假設真的買到劣質品，在緊急狀態下還能替換，不受工具瑕疵及故障而打擾。以上，就是讓考生大幅省下考場操作時間的小法寶，請各位考生不妨試試看，提升製圖效率。

另外再提醒一點，筆者會在新入手的消耗性工具如筆墨，利用標籤或直接用油性麥克筆在筆身加註「日期」，這樣可清楚分辨不同階段所購入的筆墨，有了脈絡的思考，更可在每一次模擬考或正式上考場前，淘汰掉過時且已不堪用的工具。這是很重要的步驟，正因「細節成就偉大」。

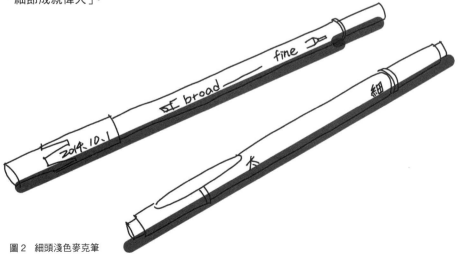

圖 2　細頭淺色麥克筆

2-3
2B 鉛筆與橡皮擦：勾勒藍圖

利用磁桌與淡色細字麥克筆打格子的同時，腦海中開始醞釀對於解題的想法，短短 5 ～ 7 分鐘格子應該就已打完，這時候就可把磁桌放平、平行尺往上推、不再用到的工具往抽屜一丟，繼續往下個步驟邁進——**勾勒藍圖**。

打草稿時，不管是平面、立面、剖面、透視、申論、標題字、設計說明等，筆者只用一支筆，也就是最普通一般的 **2B 鉛筆與橡皮擦**，絕對不拿出其他工具。

2-3-1 鉛筆

有分 nH 或 nB 的約莫 13 種規格，H 代表 Hard 硬度，B 代表 Black 黑度，之所以採用 2B 原因在於鉛筆筆芯如果太硬如 3H，容易在打草圖的過程中在紙面上留下刻痕，即使用橡皮擦拭去之後還是會讓紙面下凹，就像小時候我們會把硬幣放在紙下方，用鉛筆在紙上快速刷過之後，硬幣上的肖像就被轉印在紙上，同樣原理，如此在後續的上色過程中便會出現無法上色的莫名線條或圖形，你的整張圖就像是被透明紋身過一樣，除非你認為這是設計的一部分，不然我們都會建議避免。而為何不用 3B 以上的軟筆芯，簡言之就是太黑了，碳粉會在原本乾淨的圖紙上四處肆虐，每每有修改也會留下一大堆黑不溜丟的橡皮擦屑，整張圖會有種被黑化的質感，灰頭土臉不甚美觀。

筆者只用 2B 鉛筆，同時也是準備 3 ～ 5 支進入考場，每支筆的兩端我都會預先削好合適的粗細度，絕對夠用了。基本上在短短的考場光陰中 舉建築師考試為例 建築設計（8 小時）打草圖時間約 3.5 ～ 4 小時，敷地計畫（4 小時）約 45 ～ 60 分鐘，各位考生可以依照自己的習慣是先整備好所需的 2B 鉛筆，如此便不需在考場中削鉛筆，減省時間。

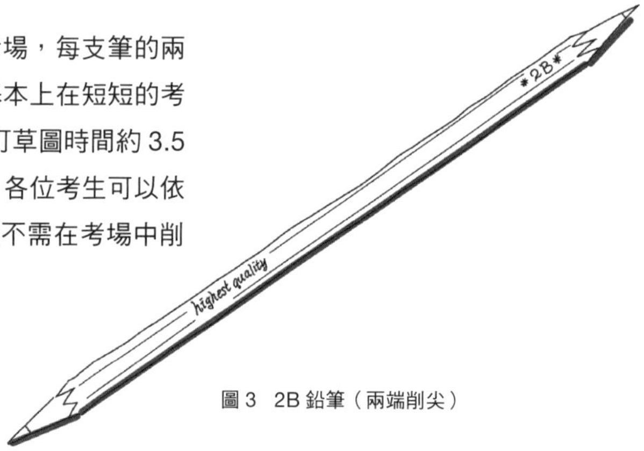

圖3　2B 鉛筆（兩端削尖）

也有考生會問，為何不使用自動鉛筆打草稿呢？ 也有 2B 的筆芯與免削鉛筆的優點。這是可以的，但筆者建議挑選較輕量化的自動鉛筆款式，各位知道普遍而言，越專業的製圖自動鉛筆因為講究線條的穩定度，重量會偏重，同樣容易在偏軟的考試用紙上留下刻痕，因此再請各位考生自行判斷看看，整體考量對自己最有利的工具模組。

2-3-2 橡皮擦

這個我們從小用到大的寫作業良伴，大小顏色不一，各種花色圖案都有。有學過繪畫的考生們一定還接觸過饅頭、軟橡皮等。時代在進步，使用過電動橡皮擦、筆型橡皮擦者也不在少數。但對於考試而言，我們只需要最簡單的橡皮擦，具備黏性高、不易斷裂、多角等特點即可。黏性，通常製圖用的橡皮擦具備較高的黏性，因此各位可以從眾多製圖用具的品牌中挑選。不易斷裂，通常具有一定黏性的橡皮擦，質地也比較柔軟，在考場中不免必須大面積、用力擦拭圖面時，也不容易斷裂而造成碎片化的不便；多角，代表至少是四方體型的形狀，這些邊邊角角可以用於擦拭較細緻、微小的部位，可以購買多角的橡皮擦當然更好。

筆者進考場前也會準備 2 ～ 3 塊慣用的橡皮擦，以防遺失或在考試時不慎掉落地面而彈飛好遠，甚至跑到別的考生的腳下，也不需要再離開座位或請監考老師幫忙拾遺，省掉尷尬更省下時間，有備無患的感覺絕對能減緩你的緊張感。

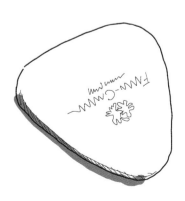 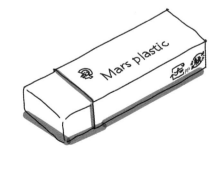

圖 4 製圖用橡皮擦

2-4
三支墨線筆：人體出圖機

緊張不已或好整以暇地用鉛筆及橡皮擦打完整張大圖的草稿之後，
在定案之際必須檢查再三，確定方案不需修改之後，筆者會將鉛筆
橡皮擦丟入抽屜中，絕對不再拿出來。接著拿出最為重要的三支墨
線筆，就靠這三支打天下了。

將草稿中混沌不明的想法以務實的墨線留駐在圖面上，再也不會擦
掉，不管是修正帶、修正液、電動橡皮擦都不需要帶入考場，因為
墨線的修改是十分耗費時間的過程，尤其在敷地計畫只有 4 小時的
作業時間，我會建議考生直接排除這個墨線階段的修改，免得賠了
夫人（時間）又折兵（把圖弄髒）。

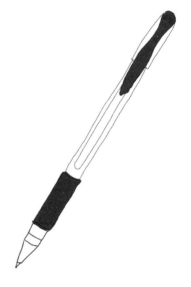

圖 5 0.38mm 鋼珠筆（輕）

筆者會用到的三支墨線筆，如同先前在「1-1-2 符號」章節中說明，
即為輕線、中線、重線。輕線，筆者採用日本 O 菱牌 0.38mm 鋼
珠筆；中線，我採用 O 獅牌的 88 簽字筆；重線，我採用 C 牌的方
頭麥克筆。這三支筆均不需像打格子或打草稿需要考慮工具本身的
軟硬、材質、重量等問題，只要「夠黑」就可以。為了遵循筆者
秉持的「少即是多」的原則，不需要 0.1 ～ 1.5mm 等各種粗細
都準備，筆者整張圖的墨線紙用這三支筆就搞定了。至於如何使
用這三支筆，後續會有篇章討論到。

同樣的，最後都要提醒各位，種類可以少但備品數量不要少，三個
粗細各準備 2 ～ 3 支備用，以免不慎摔筆而爆頭之後，只能跟監考
老師借筆了（但是老師不會借你，泣）。

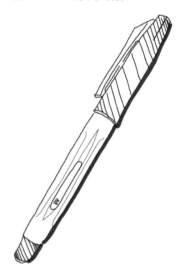

圖 6 簽字筆 1.0（中）

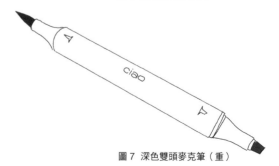

圖 7 深色雙頭麥克筆（重）

2-5
鋼筆：寫意不寫實的透視

上述所提到的三支墨線筆是用來描繪平、立、剖面等用途，但整張
圖系中還有一個圖面不可少，那便是「透視圖」。舉凡是鳥瞰等角
透視圖、街景消點透視圖、細部空間說明圖等，均採用鋼筆來繪製
之。對筆者而言，上述這些圖面的說明性質、精準度、資訊量不如
平、立、剖面來得多，更重要的是如何將空間設計中最重要的特質
「建築感」或說「空間感」表達出來，這些都不是透過絕對的數字
尺寸或是法規檢討可以完整掌握的，因此，「寫意不寫實」成了這
一系列透視圖的主要特徵。筆者建議考生平時可以**多運用鋼筆作為
透視圖的練習工具**，正因為**鋼筆是敏感的，按壓筆頭、輕輕運筆、
筆頭與紙張的相對角度等，都能讓線條增添「韻律與節奏」，十分
適合於描寫空間、行為、景深的透視圖。**

鋼筆的墨水可以自己選用喜好的顏色，筆者通常採用深藍色、墨綠
色、酒紅色等較深且有別於正黑或正藍的顏色，如此用意，一來，
用鋼筆畫的透視圖，顏色自然與平、立、剖面有所區分，會有主角
與配角的觀看感受，避免千篇一律都是黑線筆的枯燥感與壓迫感，
二來，透視圖通常是表現設計的重點圖面，也可跳脫於平、立、剖
面之外，遠遠一看就知道鋼筆所畫的圖面都是加分項目，也就更容
易被加分囉。

鋼筆的選擇，筆尖建議挑選 F 尖（細）或 M 尖（中）即可，比 0.38
粗但比簽字筆細，EF 尖（極細）或 B 尖（粗）就比較不適合，除
非想特別表現某個手繪速寫的風格與功力，那就另當別論。價位上
的考量，考試用的鋼筆也算是消耗品，筆尖雖然有彈性但也是會鈍
化，因此建議考生採用 L 牌的普通鋼筆即可，不須購置數千或數萬
元的鋼筆，除非那是你原本就使用順手的選項。

鋼筆可以預備兩支，**記得兩支都填充一樣廠牌與顏色的墨水**，避免
換筆之後表現出來的線條特徵差異太大，過於花花綠綠的透視圖也
比較不討喜，請各位考生自己嘗試看看再決定囉。

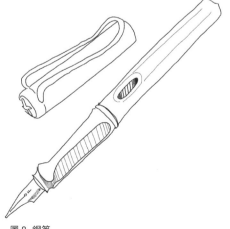

圖 8 鋼筆

2-6
三加一色系色筆：彩色輸出

在打完草稿也充足上滿墨線與鋼筆速寫之後，考試步驟進入後半階段，也可稱為渲染（render）的過程。雖然不需要上色，而只用鉛筆或墨線筆就可以過關的考生大有人在，但除非你原本深諳此道，擁有妥善運用單色筆觸便能談天說地的才能，那麼筆者還是會鼓勵各位考生利用顏色來區分答題大圖內容，將不同空間元素或物件以不同色系區分，增加閱讀性與可看性，也提高評分老師讀取設計內容的效率。只要不要錯用顏色或是用色美學過於偏離主流習慣，相信都能將原本單色調的考試大圖轉變成可親的設計圖說。

筆者用色會依照考場中會畫到的原色來區分，有藍、綠、黃、灰等三加一種色系。藍色系，主要用以渲染天空、水域、玻璃等元素，因此我會準備至少三種不同濃淡的藍色用以區分；綠色系，主要用以渲染喬木（含樹林）、灌木、草皮等景觀元素，同樣地，我準備至少三種不同濃淡的綠色用以區分；黃色系，主要用以渲染木平台、砂地、人行道等景觀元素，同樣地，我準備至少三種不同濃淡的黃色用以區分；灰色系，主要用以渲染車道、自行車道、廣場鋪面等硬鋪面元素，同樣地，我準備至少三種不同濃淡的灰色用以區分。

圖 9　三加一色系色筆

色系與用途介紹完了，考生一定會想問，那麼是該用什麼種類的上色工具比較適當呢？這倒是沒有一定的答案，端看各位考生**最上手也最不花時間的上色工具為何，就採用自己最熟悉的方式吧**。筆者接觸過的有麥克筆、色鉛筆、水彩、粉彩等，各有優缺點，簡單分析如下：麥克筆，優點是色彩穩定度高、不需自行調色、上色快、速乾、可疊色，缺點是價格昂貴，一支進口麥克筆大多 100 多元，大面積的上色例如綠色，很快就耗盡墨水，便須另行添購或自行添加墨水；色鉛筆，優點是色彩穩定度高、不需調色、可疊色、便宜，缺點是上色慢、需要削鉛筆等耗費時間；水彩，優點是大面積上色快、可自行調出想要的顏色、便宜，缺點是色彩穩定度低、不可疊色、慢乾易混色；粉彩，優點是大面積上色快、色彩柔美、可疊色，缺點是價格較高、彩條易斷裂、手指會髒等。

筆者在嘗試過一輪之後，選用麥克筆作為主要上色工具，少吃點零食存錢買筆，也順便減肥囉。另外也須提醒，在考場中時間寶貴、上色十萬火急，我會在每支麥克筆的筆身貼上「該支筆的顏色功用」，誰都不想在上水域顏色時，拿到屬於玻璃的那支筆，更令人擔心的是，你一時不察拿到其他色系的筆來上色，那就欲哭無淚了。

表：上色媒材優缺分析

媒材種類	優點	缺點
麥克筆	· 色彩穩定度高 · 不需自行調色 · 上色快、速乾、可疊色	· 價格較貴 · 大面積上色很快耗盡墨水
色鉛筆	· 色彩穩定度高 · 不需調色、可疊色 · 便宜	· 上色慢、需要削鉛筆 · 愈削愈短
水彩	· 大面積上色快 · 可自行調出想要的顏色 · 便宜	· 色彩穩定度低 · 不可疊色 · 慢乾易混色
粉彩	· 大面積上色快 · 色彩柔美、可疊色	· 價格較高 · 彩條易斷裂 · 手指會髒

2-7
藍筆與某顏色筆：文字說明

渲染完顏色之後，整張大圖的質感已塵埃落定，此時整張版面幾乎只有密密麻麻的線稿，充滿建築設計感。此時，更重要的環節來囉，各位考生必定銘記一件事，圖本身畫得再充實、洗鍊，在考試的場合中，評分老師必須看過幾千張的大圖，不太可能讓老師對各個考生的圖說細嚼慢嚥、小火慢燉，考生必須想像如何能透過簡短的文字說明，讓評分老師快速讀懂每一張圖想表達的重點，因此，空間名稱與設計說明便顯得非常重要。文字說明欠佳的圖，猶如啞巴吃黃蓮，文字說明通暢的圖，讀來如沐春風、輕鬆無負擔，如此過關機率便增加不少。如果各位考生試著去閱讀其他考生的圖，何嘗不希望讀到一份圖文並茂、文情並重的大圖呢？

正因為平、立、剖面圖均為黑色線條，因此出現在圖中的「空間名稱」，筆者建議用一般的藍色鋼珠筆來書寫，全部空間名稱都是藍色便自成一個系統，與黑色的墨線稿分別開來，**讓讀圖的老師更快掌握視覺上的「層次（layer）」**。而另一方面，每一張圖還須搭配設計說明，以簡短段落文字描述該設計或空間的目的或行為，筆者會建議採用深紫色或墨綠色的鋼珠筆，只要不跟畫透視圖的鋼筆墨水或墨線同色即可。如此一來，設計說明也自成一個系統，讓讀圖者更快明白每個精心設計背後的用意。

上述的說明，帶入了「層次（layer）」的觀念，就像各位考生平日操作影像處理或電腦繪圖軟體一樣，分圖層與建構層級的手續必不可免，這也是身為一位建築師的專業表現，只不過在考場中，必須透過各位考生的手繪呈現出來。

用於空間名稱

用於設計說明

圖 10 藍筆與深色筆

2-8
螢光筆與特殊色：先看重點再説

經過上述幾個程序，圖文並茂的一張圖已經孕育而生，現在還差一個小步驟。當整張圖的資訊量充實飽足的時候，一定具有良善的美意於其中，考生都希望評分老師能細細品味，再三回味。無奈，考場的生態並非如此，一張圖如果在 30 秒內無法獲得評分老師的青睞，分類在「一定過關」或「可能過關」的兩個群組中，這張用盡全身力氣所畫出來的美圖，老師一下子看不到重點而將你歸到「下次再來」的那堆圖（以經驗估計約 8 ～ 9 成的比例），很可能就只能給你的美圖「秀秀」了，絕對沒有任一位考生想再如此重蹈覆轍。

筆者有個小技巧，文字的部分，最～～～重要的部分我會用螢光筆（粉紅色或亮黃色）畫重點，請老師第一眼就看這些重點之中的重點，吸引老師的眼球。而**特殊色則用在於圖面中最重要的設計**，可能是一棵老樹、一道天際線、一位在廣場中跳舞的人等，最吸睛的部分我會用最明顯的特殊色上色，同樣也是讓老師別錯過這萬中選一的你所畫出來的設計，對吧。

也千萬要節省、節約使用這兩個小工具，因為當整張圖都畫滿了重點、上滿了特殊色的時候，重點已不復存在了，好工具一旦使用過度，反而會造成反效果的。

圖 11 螢光筆

2-9
樹章與印台：考場中的 Photoshop

雖然畫出一棵樹對於熟練的考生而言，並不會花費太多時間。但如果今天所遇到的考題必須畫出很多樹（例如森林遊樂區規劃），或是基地邊長超長（行道樹與景觀規劃就很吃重），在短時間內要畫出大量的植栽便是一件苦差事。

幸好，拜科技所賜，不論是你最常用的幾款樹型，或是需要用大量筆畫才能精緻呈現基地內的那棵大榕樹，筆者建議考生可以電腦繪圖檔案交給刻印行刻出「樹的印章」，這樣的樹章搭配油性印台，便可快速在圖面上「蓋」出大量的樹木，尤其對於敷地計畫這一考科更是好用，畢竟此科的基地都偏大，誰都不想把時間與精力花費在畫樹之上。

也必須提醒，請各物考生注意**樹章的「比例」，可以常用的圖說比例做為參照**，假設最常畫 1：300 的平面圖，那麼就刻出同樣比例的樹章，但可別將此比例的樹章蓋在 1：500 的平面圖上，那會顯得不合理而露出破綻。印台油墨的顏色請以「黑色」為準，因為這些樹木都必須融入每一張由墨線畫出的圖說中，因此黑色才能夠隱形其中。

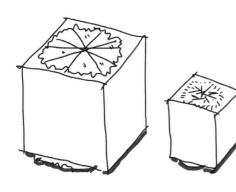

圖 12　樹章

圖 13　印台

2-10
其他輔助小幫手：毛刷、滾輪尺、家具版等

毛刷，用來將打草稿時所產生的橡皮擦屑屑快速地清掃於圖面之外；**滾輪尺**，用來快速繪製出密度高而短的平行線段，例如木平台或斜屋頂面的分割；**家具版**，繪製平、立、剖面圖時，當需要描述室內空間與人的行為時，通常會用家具來表示活動，例如有餐桌就代表能用餐，有課桌椅就代表能上課等，因此可以準備相應比例的家具版作為備用，尤其**對於自己特別沒信心畫出的物件**，例如鋼琴很難畫得好看，**筆者就會考慮使用家具版。**

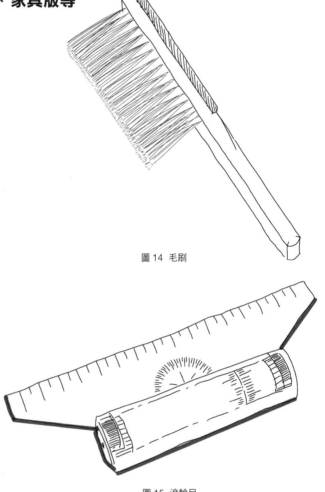

圖 14 毛刷

圖 15 滾輪尺

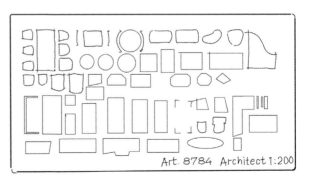

圖 16 家具版

第二章結語

本篇所描述說明的工具箱內容，基本上並沒有強制性的標準解答，還需要各位考生親身試驗過各種媒材，搭配自己的能力與偏好，選擇利於考場的工具組。好（順手、省時、效果好）的工具組，絕對能讓我們在考場中的表現如虎添翼，但不好（吊手、費時、易失誤）的工具組，也絕對折損我們在考場中執行設計與繪製大圖的效率。讓能充分發揮效用的工具組成為自己的神隊友吧，豬隊友退散！

除此之外，筆者所依序列出介紹的工具種類，基本上均與考試的作圖順序相符，再請各位初入考場的新鮮人體驗看看。而對於熟悉這些工具的考場學長姊而言，筆者需大力提醒一點，考場中要節省繪圖時間並提高完成度的訣竅之中，即是「不要換筆」。不論草稿、上墨線、上色、設計說明等各別階段，都只用該階段所使用的各別筆種，千萬不可一下子鉛筆、一下子墨線筆、又一下子藍筆、麥克筆，實為拖累自己的考場大忌！

讀懂題

應用「賽局理論」面對術科考試

經過前兩章的概述，各位讀者與考生對於建築師考試或其他公職高考等術科的基礎技能與工具組，有了初步的概念與理解之後，接下來我們將逐漸碰觸本書所討論的核心，也就是本書書名所意指的「建築師考試是一場賽局」的理論基礎。有別於過往我們華人教育系統中相對扁平式的教學方式，例如填充各位考生書本上的背景知識、名詞片語、文法公式等，再以是非選擇、計算證明等方式驗收這些知識是否能夠強記或活用於答案之中，「建築術科考試」的驗收方式比較偏向於「問答或申論」。透過題目當中所埋下的線索與暗示，經過考生對於題旨的理解並融合自身對於建築、社會、文化、經濟等背景知識的智庫深度，以簡潔扼要的方式尋求與出題者對話與回答過程，從回應出的內容讓評分老師足以理解每位考生對於題目的看法與見解，並提出解題策略與設計手法讓「環境、建築、空間、行為」得以各個別出心裁的得分方案呈現於圖紙上。

讀題是門軟、硬功夫

綜觀考生可以簡單分為兩種，其一是「讀得懂題目」的人，另一是「讀不懂題目」的人。術科考試很奇妙的地方也在於此，正因為題紙上寫都全都是中文或教科書上看過的少數英文，99% 的每個字都看得懂，因此大多數考生也都認為自己能夠讀懂題目。舉常見的考試題型為例，例如題目要我們規劃設計出一座圖書館等建築類型，於是我們便在題目所給予的基地條件上放置一座建築物，在平面及剖面圖中標註上圖書館的相關空間名稱，例如閱覽室、典藏書庫或研討室等等，接著把建築物外型表現為大家所期待的圖書館樣式，然後便交卷而自以為完成了一座符合 2022 年所需的公共建築設計……但是這對筆者所認知的建築師考試而言，遠遠不夠，幾乎是等同於「看不懂或不想看懂題目」呦，很訝異嗎？跟你所想像的「讀題」不太一樣吧？

以筆者準備考試的經驗而言，以前段為例，評分老師想要考生回答的比較趨近於「**在資訊數位化且雲端存儲技術發達的現在，圖書館扮演著什麼角色呢？**」或是「**在新住民與外籍幫傭人口密度越高的現在，里民活動中心能夠對應這個時代的新需求嗎？**」類似這樣的

Newly Old?

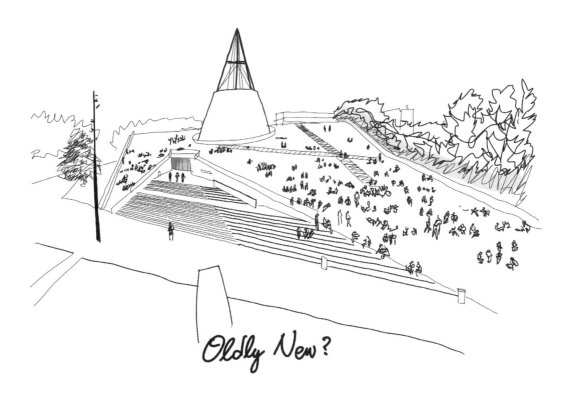

Oldly New?

切入點可以舉出一百個。將考試的重點擺放在建築物類型（building-type）的單純題型，已經是十幾二十年前的考試方法了，在 2022 年的現在，我們早已經過上世紀 90 年代的計算機普及、千禧年的網路泡沫、過去十年的數位攜帶裝置的進化以及現今正突飛猛進的 AI 人工智慧、大數據與雲端、物聯網與 5G、AR 與 VR 等技術應用，未來 10 年或許世界會演變成一個我們現在仍無法想像的面貌。正因如此，建築師如果還停留在上個世紀的制式開發模式與消耗預算等觀念（不可諱言，許多開業建築師在考上執照的那一刻就停止進步了），那麼透過這場考試所選拔出的新建築師們，如何證明其具有與時俱進且解讀人類生活型態的能力呢？我想，**建築設計是如何反映時代精神與當代人類生活是非常重要的課題，這無非是各位準建築師或準公務人員們極須培養或展現的專業能力。**

因此，本章節的重點在於整理出筆者如何閱讀題文、分類題型、闡釋題旨、演繹答題重點、歸納空間組織等技巧與方法，有助於各位考生在考場時能夠不需要硬背平面配置、強記武功祕笈，也能盡情展現自我與看法見地，這就是我所謂的「建築師考試是一場賽局」，全然是一個理性對話與感性敘事的過程，就讓我們一步一腳印來習得這套既軟又硬的功夫吧。

本章重點

3-1
讀懂題／審題

很多考生在考場中，因為時間緊迫或精神緊繃之下，一拿到監考老師所發下來的試題之後，匆忙地「瀏覽」了一遍甚至有點囫圇吞棗，看到了基地形狀與尺寸，得知建築物的使用機能後，還來不及消化與推敲題目所提供的線索與暗示，便開始兀自地打起草稿，深怕自己交白卷似地，在圖紙上振筆疾書，不管是 4 小時的敷地計畫，還是 8 小時的建築設計，總之就**急著把這張圖埋頭苦幹，不知早已偏離了題目所指，慢慢畫出了具毀滅性且不被需要的方案而不自知⋯⋯**

不諱言，筆者在生平第一次考建築師考試術科時便是如此，不分青紅皂白拿著筆就好像中了邪，急忙地畫著未經深度思考也少有邏輯推導的方案，心中滿滿的恐懼，因為時鐘滴答滴答，「正因為怕畫不完，所以才畫不好。」果然放榜之後換得超低的分數，傻眼久久不能自己，而這就是我認為考生所擁有的「通病」，即「不管這張題目要我畫出什麼樣的重點，就是畫畫畫一直畫，趕快打稿、上色、交卷，趕快結束這一切吧⋯⋯放過我啊」，這樣的草草了事，容易換來的是隔年二月從考選部捎來的一封掛號信，就像寫著「今年銘謝惠顧 明年期待光臨」，猶如一計悶棍，鼻子摸一摸又回到了平日生活，到 8 月時又要報名了，只能再來一次輪迴⋯⋯這故事腳本也太絕望了吧，但真的不誇張！這正是大多數考生的夢魘且揮之不去。這樣形容或許有點誇張的成分，但卻極度真實也極大部分反映在大多數考生的考場表現上。你有發現自己也會這樣做嗎？

報表代號：F020801R_P01
等級名稱：專技高考
類科名稱：建築師

應試科目數	報名人數	全程到考人數	0科及格者	1科及格者	2科及格者	3科及格者	4科及格者	5科及格者	6科及格者	及格人數
應試四科	23	14	4	9	5	5				0
應試五科	1277	907	266	293	269	237	135	77		77
應試六科	3161	1787	1184	656	397	292	303	229	100	100
合計	4461	2708	1454	958	671	534	438	306	100	177

表 1 110 年專技高考建築師應考人應試科目及格數據統計

難道沒有別的劇本嗎？如果各位考生已有覺察自己有類似的狀況，那可以恭喜你囉，當初筆者可是花了不少時間才有自覺，也正因有了自覺才能漸漸「有意識地」從這個泥沼中走出來。

往年每年度大約有 3～4,000 人左右參與建築師考試，也因為全國建築或空間相關科系越來越多，畢業生也雨後春筍般取得考試資格，參考人數有逐漸上升的趨勢。若以 110 年為例，參加考試總人數為 4,461 人及全程到考人數有 2,708 人，而上榜人數為 177 人（資料來源為考選部網站）。如以 177／2,708 便可得當年度的總及格率為 6.54% 左右，再看深入一點，術科中的「建築計畫與設計（8 小時）」及格人數為 278 人、「敷地計畫與都市設計（4 小時）」及格人數為 181 人，假設到考人數均要參與其中任一科術科考試，則可以推敲術科任一科的及格率大約落在 6～10% 之間，換言之，概略換算每 100 張大圖約有 10 張圖可以及格過關，而把範圍再縮小一點，在同一間考場教室中假設有 10 人備考某一術科，其中很可能只有 1 張會及格過關！是的，你沒看錯，儘管上述的估算並非準確，但也十分趨近於事實。也就是說，在同一間教室中，可能有剛畢業不久的菜鳥考生如你，幾位久經沙場的資深考生如你，又或是總是在 40～50 分邊緣徘徊的悶悶考生如你，這區區 10 位應考生中，估計會有 1～2 人能夠一科術科及格，而想要術科雙雙及格的機率，若不是恰恰 1 人就是僅有 0 人……

報表代號：F020806R_01P
等級名稱：專技高考
類科名稱：801 建築師

| | 報名人數 | 全程到考人數 | 及格人數 | | | | | | 備註 |
			營建法規與實務	建築結構	建築構造與施工	建築環境控制	敷地計畫與都市設計	建築計畫與設計	
應試四科	23	14	7	7	—	—	—	6	
應試五科	1277	907	189	181	24	—	46	81	
應試六科	3161	1787	480	388	93	339	135	191	
合計	4461	2708	676	576	117	339	181	278	

表 2 110 年專技高考建築師應考人應試科目別及格統計表

建築師術科考試的賽局理論

這樣描述並非想要嚇壞所有第一次認知到這個現實狀況的你，而是想要協助考生得到一個思考的機會：**在這僅有的 N 張圖中，如何能成為那張及格過關的圖呢？又或者是換位思考看看，評分老師如何在 N 張圖中看到你的方案之後，就決定是你了！**這個問題可稱為本書中的核心議題，重要性不亞於任一個技術問題，也是我之所以稱這場考試為「賽局」的原因。正因為賽局理論本身並沒有一定的標準答案，而只有幾種可能發生的組合，將會根據當年度的題型、考生組成、時事趨勢、整體及格率的控制等原因組合出當年度的考試結果。因此，身為考生最重要的便是認知到「你正在參加這一場沒有標準答案的賽局（即術科考試）」，我們都要做出更深程度的思考，**不能再是把一張大圖畫完（完成度）或是上滿絢爛的表現法（顏色）便滿足，在考場中類似這樣的「考匠」並不少，總能把最完整最精美的大圖呈現出來，但現實是……漂亮的美圖並不代表著「過關」。**

接下來我們先用一個最簡短的考題與各位考生介紹，107 年的敷地計畫題目「都市中的文創園區」（歷年各考試類別的各科考畢試題都可以在考選部網站 https://www.moex.gov.tw/ 上取得）。

代號：80150
頁次：3-1

107年專門職業及技術人員高等考試建築師、技師、第二次食品技師考試暨普通考試不動產經紀人、記帳士考試試題

等　　別：高等考試
類　　科：建築師
科　　目：敷地計畫與都市設計
考試時間：4小時　　　　　　　　　　　　座號：＿＿＿＿＿＿

※注意：㈠可以使用電子計算器。
　　　　㈡不必抄題，作答時請將試題題號及答案依照順序寫在試卷上，於本試題上作答者，不予計分。
　　　　㈢本科目除專門名詞或數理公式外，應使用本國文字作答。

一、申論題：（30分）

㈠說明你對都市或城鄉廣場的定義及種類？描繪一處臺灣都市或城鄉的廣場，說明其廣場空間形成的原因及變遷、廣場與周遭涵構的互動、不同時間活動與空間關係、空間型態與視野。

㈡繪製這個廣場的配置示意圖、剖面示意圖，表達空間構成、空間型態與尺度，並說明廣場成功的因素及未來的期待。

二、設計題：（70分）

㈠題目：都市中的文創園區

住商混合的都市環境，擬開發為文創園區，以期帶來都市活力、創造新產業。

㈡基地概況：

基地周邊為住商混合區，基地旁有一歷史建物（一層樓三合院），基地內有既有樹木。建蔽率40%、容積率200%，須留3.6 m無遮簷人行道。

㈢設計內容：

1. 文創工作坊（共同工作室300 m² ×2間，個人工作室40 m² ×5間）
2. 文創辦公室90 m²
3. 展示空間200 m²
4. 多功能使用演講廳250 m²
5. 會議室60 m²
6. 餐廳區300 m²、開放式廚房60 m²
7. 咖啡廳200 m²
8. 公共服務空間自訂
9. 地下停車位120輛（含1輛裝卸貨車位），機車25輛
10. 地面公共腳踏車10輛
11. 室外多功能廣場600 m²（不定期供短期臨時展場使用）
12. 既有樹木可保留或於基地內移植

㈣圖面要求：

1. 規劃設計說明：需含敷地量體配置、動線計畫、室內外活動交流構想、景觀設計
2. 配置圖：應含景觀設計、周邊街廓，比例自訂
3. 剖面圖比例自訂
4. 空間透視圖
5. 地下室需點出其範圍，並標示停車場地面人行出入口

(五)基地附圖

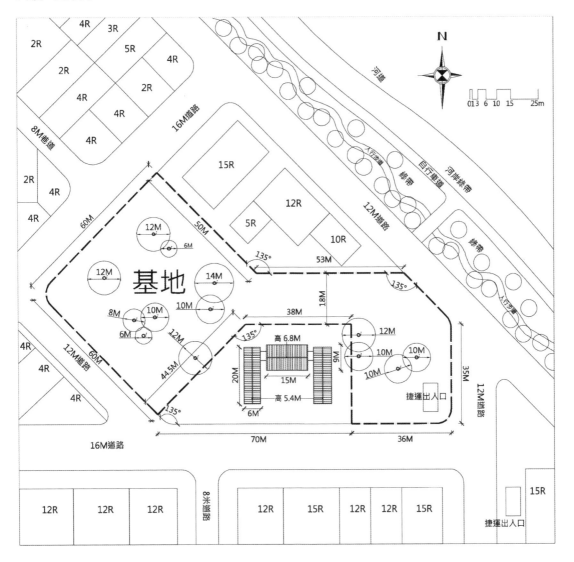

Step1. 如何「讀懂」考題

通常一份術科考題，可分為兩個大部分，文字及圖說。文字為出題者說明其出題之意旨（簡稱題旨），描述都市或社會中的某個背景資訊，凸顯某（些）現象或問題的重要性，接著擬出一份空間需求或僅僅是計畫，希望應考者能消化這些描述後，提供出簡潔有力的「空間對策」、「生活提案」、「虛擬實境」等，其中不乏對於空間量或質的需求條件，也會以具體的字眼描述基地環境狀況。

如果是公務人員考試或敷地考題，則會有申論題，希望考生以「圖文並茂」的方式說明核心概念與想法；而圖說的部分，大多為基地的平面圖，揭示土地本身的尺寸與形態，並將四周圍值得注意的環境變因也顯示於圖說之中，例如歷史建物、老社區、市場、捷運站、公園、學校……等。

以上題 107 年敷地計畫考題為例，第一部分即為申論題，分為兩個小題，均為圍繞著單一主題，即「都市中的廣場」，希望應試者能依據自己的「生活經驗、建築常識、法規理解、國內外案例……」等知識，用不同的角度回答本考題的核心概念，也就是「廣場」的構成。本題是很典型的對話型考題，出題者藉由清晰易懂的文字說明，告訴考生需要提供哪些資訊，以資判斷應是者的程度為何，滿分 30 分，理想的狀態應該是兩題都至少能拿到 10 分以上，才有 6 成以上的得分率。

接著第二部分，為設計題：
第（一）段，說明了此題的類型，為都市中的文創園區設計，描述其為「住商混合」的條件，並且以文創園區做為活動產業的動力來源；

第（二）段，介紹基地的開發條件，並特別提出「歷史建物、原有樹木、無遮簷人行道」為重點注意項目；

第（三）段，整理出本設計需要操作的空間項目與面積需求，即為定量的部分，但並未「定性」，留給考生作更進一步的空間定義；

第（四）段，為圖面需求，需要考生提供哪些圖面讓出題者判斷其設計的廣度與深度，需注意的是特別提到「停車出入口、地下室」等暗示；

第（五）段，則是基地地圖，基地為不規則的地塊，圍繞著歷史建物並有許多既存樹木散步其中，捷運出入口雖然並未於前幾段提及，但卻悄悄地出在右下角。四周圍的道路寬度、街廓的使用特性、量體高度與坐向，以及北側有往東南西北向延伸的水岸綠帶等⋯⋯

好了，這樣就算是把題掃描過一次，這時候，在考場中因為時間壓力與肅殺氣氛，很多考生一緊張就開始畫起圖了，擺起了量體，有點囫圇吞棗。別急，別再重蹈覆轍囉，我們還有下個階段的審題要做呢。

Step2. 審視考題的「題旨」

審題，顧名思義便是「審視題目所示之義」，有很多的步驟可以進行，但最先開始的，筆者會建議先進行「題型分類」。不論建築師考試或是公務人員高考等特考，歷年來所累積的考題數量不下百題，這些都是可以借鏡的考古題資料庫，若以考題的規模、內容、議題方向⋯⋯等，其中必有「類型」的特徵可以分辨，進而歸納整理，而當在考場中，若能將嶄新的當年度考題與過去所做的練習的考古題經驗相聯結，解題的熟悉感便能提升，答題內容也有了大架構，如此便能更快速解題。

接著，題目洋洋灑灑少則數百字多則數千字的描述，考生必須從中提煉出「關鍵字 keyword」，也就是每一段文字之中最重要的主詞、動詞與受詞，更進一步地，能夠看懂每一段落在描述的社會現象、待解問題、環境中的各項課題，這些都屬於關鍵中的關鍵，唯有能夠抽絲剝繭出這些「箇中奧妙」，也才能找到施力點，將設計能源灌注其中，發揮優勢。

除了看清楚題目在字面上所做的客觀描述之外，更需要理解題目的未明說或暗藏玄機的「線索」與「陷阱」，抓到線索便可有得分的路徑可循，進而得分；誤觸陷阱則陷於五里霧中而茫茫然不自知，所謂的「踩線、掉坑」，只有失分。每一張題目，對筆者而言，都有「該挑戰」與「不該挑戰」的界線，上述的線索便是鼓勵考生能夠大膽想像、提出有力建言的設計提案，適合發揮的舞台，而陷阱便可能是禁忌、悖離常理的範圍，設計經驗不足的菜鳥考生因為無法辨識，更容易做出不合適的設計，「走不知路」。

當能夠清楚認知到上述幾個條件上的差異之後，「題旨」的樣貌便能漸漸浮現，也就是「這一題要我設計出怎樣的環境／建築／空間／行為……，我有方向了」。這個確定感，通常需要經年累月的案例閱讀資歷以及必不可少的解題練習，才能在考場的當下推演出這個方向，也就是筆者所言「借題發揮」，順應題目引導考生提出的情境設定或是假設狀態，在這個情境與狀態中做出回應，與時事、產業、學術等各個實際在世界上發生的各項資源媒合，做出符合當代人類生活所需的建築，筆者私以為這是最上乘的功夫。

最後，如果考生參加的是建築師考試，術科分為「建築計畫與設計」及「敷地計畫與都市設計」，這兩個考科雖然都是以繪圖設計為主體，但在考試中的解題觀念是大不相同，非常多初入考場的考生並無法分辨，以為兩者都是著重建築物的設計，其實不然。

概述至此，接下來，我們就來一一為各位考生舉例說明囉。

審題準備步驟

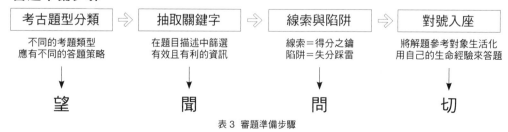

考古題型分類	抽取關鍵字	線索與陷阱	對號入座
不同的考題類型應有不同的答題策略	在題目描述中篩選有效且有利的資訊	線索＝得分之鑰 陷阱＝失分踩雷	將解題參考對象生活化 用自己的生命經驗來答題
望	聞	問	切

表 3 審題準備步驟

3-2
考古題型分類

凡走過必留下痕跡，建築師考試的考題有跡可循。孫子兵法也曾言：知己知彼，百戰不殆。想要在術科考試這場戰役中存活下來，自然不能無所準備而隨意應試，也就是所謂的「裸考」，用來形容的便是大多數剛從學校畢業而工作幾年的職場新鮮人，開始想接觸考試然而不知該從何開始。因此，僅能以過去在學校製作建築設計課作業以及一知半解的工作經驗，就這樣空手進考場應試，也因此特別容易分不清楚考試、學校、職場經驗之間的差異性，通常分數公佈後，會落在 15 ～ 45 分之間，除非本身就是天賦異稟的天才或早在畢業前就著手準備考試的人，才能有 50 分以上的成績。

不管是裸考或是久經沙場的老將，上戰場前首先搞清楚敵人是誰、自己的能力量表、必殺技能等，尤其重要。在考選部的網站上，以「專門技術人員高等考試建築師」（簡稱建築師考試）的類別而論，目前最早可以追溯到民國 81 年的考題，也就是有 20 年的考古題可供查閱下載。每一科的這 20 題考題之中，如果各位將其綜覽之後便可發現，可以簡單歸納出幾個考題類型，而這幾個普遍存在的類型幾乎涵蓋了超過一半以上的數量。

建築師考試——
「建築計畫與設計」

類型 A. 建築產生器
有某群使用者因為特定職業、年齡、需求……等可被辨認的類型，在某塊單純的基地上需要有個空間以容納這群人的需求，希望考生依照某些開出的空間需求清單，組合出屬於那個類型的建築物設計，尤其是新建的，而較少涉及新舊建築議題。

例如 105 年建築設計 _ 圖書館與社區公共空間、107 年建築設計 _ 國民運動中心、109 年建築設計 _ 大學校園之學生宿舍等。

類型 B.「新舊對話」題

有別於前者，考生必須考量周遭環境對於設計的影響，本類型通常探討建新舊建築之間的關係，因此基地上可能會出現舊建築或本身就處於既存都市脈絡之間，鼓勵考生在新舊建物之間打造新的場域。

例如 103 年建築設計 _ 建築師好厝邊、106 年建築設計 _ 老街活動中心、108 年建築設計 _「老小共學」校舍增改建設計等。

類型 C.「加一」題

除了題目提供的原有 A 機能需求群組以外，出題者更希望考生能在研讀基地環境、住民特性、開發規模、日照風向等條件之後，提出一個「自訂」的空間需求 B，可說是畫龍點睛，也可說是補充原有需求 B 與基地的不足之處。

例如 99 年建築設計 _ 小學「加一」、105 年建築設計 _ 圖書館與社區公共空間、110 年建築設計 _ 社區活動中心 + 出租套房等。

類型 D.「非典型」考題

所謂的非典型考題，簡言之就是有別於以往的考題類型，不只是希望考生將需求轉換為空間或是前述幾種因為不同基地條件而生的題型，而是幾乎大多數條件都需考生自訂。例如 98 年建築設計 _ 建築設計作為一種善意的公共行動，此題便便是如此，基地位置有指定也有自訂範圍，需設計的空間類型也讓考生自行分析設想之後自訂，整題的題旨也偏向於意識形態的考量。

以上四種簡單分類，大致可以涵蓋歷年來的考題類型，也因此，撇除出題老師特別有「前瞻性」，或想要為難各位考生以控制過關人數的特例之外，那麼我們在準備考試之際，平時在學校裡、工作上或生活中也可對相關類型的實際案例有些敏感度，便能培養出面對考題的解析能力。

建築師考試——
「敷地計畫與都市設計」

再來是建築師考試 _ 敷地計畫與都市設計，敷地考題看重基地環境
與開發議題的特性大於建築設計，因此通常涉及的基地範圍比大，
或是地形地貌更為複雜，而敷地的考題也並非考驗考生的建築設計
能力，而是更重視「基地佈置」以及「議題」的掌握能力。同樣也
大略分出四種類型：

類型 A. 整體開發型

基地大多為一塊素地，具有一些地形地貌的特徵，例如坡度、排水、
道路等級、周遭景觀與活動設施等，讓考生用這些簡單的條件設計
出一個園區、社區、商場或是數棟不同機能的建築量體以共構環境，
這算是最常見的類型。例如 99 年敷地 _ 研究園區之國小校園、幼
稚園、社區活動中心及公園規劃、101 年敷地 _ 住宅社區設計及
110 敷地 _ 某地方區政中心等。

類型 B. 眾星拱月型

此類型的基地內或一角，通常有廟宇、古蹟、老街、機關、學校
等某個具有地方特色或是人流磁鐵般的空間主角，而出題者會設
定一些相應而生的機能以期待考生能整合舊有紋理及新環境的共
享空間，藉此發揮該既有建物的更大效益。例如 103 年敷地 _ 三
代同堂住宅社、107 年敷地 _ 都市中的文創園區、109 年敷地 _
都市國民小學新校園等。

類型 C. 議題探討型

這類型的考題中，基地本身或許不是重點，而是在於題目所設定的
空間需求類型，通常會回應到當下的社會議題或觀點，需要考生對
該特定類型的規劃方向有基礎以上的理解，此類考題較為活用到包
含前兩個類型的基本規劃能力外，更要求考生對時事有所敏感度。
例如 98 年敷地 _「八八水災」社區重建規劃、104 年敷地 _ 國際青
年文化村、108 年敷地 _ 新住民文化交流中心等。

類型 D. 非典型考題

既然是非典型,就代表可能是基地、空間需求、出題方式等都獨樹一幟,出現了鮮少出現在考場中的類型,例如 100 年敷地 _ 停車場公園、102 年敷地 _ 賞鳥公園教育中心、105 年敷地 _ 魯班四題等,這幾題中有的是完全沒有量體需求或是基地處於河海交界處的非都市環境,甚至是短短四小時要畫完四個小題目的考法,考生只能面面相覷而一時之間抓不到施力點,這就要靠平時的修練與機智反應了。

以上的簡單分類,主要作用是讓考生在平日準備或練習解題及繪圖時,能夠快速地將題目的特性辨認出來,再接著以不同的方式去面對題目、找出關鍵點,正因如此,也能對症下藥,自然藥到病除。此外,也必須強調,分類可以是個人化的,也就是每個人對於同樣這些考古題的分類原則與方法可以是有所不同,重要的還是找出對自己最合適、快速、簡便的方式,並且承先啟後,有利於進行下一步驟。

本節所敘述的分類過程,其實就如同我們在規劃出國旅行之前,會在網路上、雜誌書籍上找尋該目的地的場所、景點、美食、文化等資訊,也常能見到許多旅遊達人們分享各自的行程安排與心得,這些資料就像是「考古題」,提供我們完成旅行的參考。而針對手上這些資料進行分類、歸納,接著整理出行程的時間、交通、票券、預約、住宿等攻略,等到達現場之際,心中便有如何進行遊歷的方向。即使遇到突發狀況,也能掌握大概的解決方法,尋求幫助。這樣事前準備,就是基本功的一環,不可小覷的經驗公式。

3-3
抽取關鍵字

每一張題目除了基地圖或既有建物會以圖面方式呈現外，其餘一概都是文字，包含了中文、數字與少部分英文。少則數百字多則數千字，茫茫字海，其實並非每個字都是重點，因此，身為考生在讀題時，務必要去蕪存菁，以熟練的方式將最關鍵的資訊撿挑出來，作為後續解題的依據，這樣的步驟，就是我所稱的「抽取關鍵字」。那麼，如何抽取關鍵字？ 我們以 107 年敷地題中下圖為例。

一、申論題：（30 分）
　　㈠說明你對都市或城鄉廣場的定義及種類？描繪一處臺灣都市或城鄉的廣場，說明其廣場空間形成的原因及變遷、廣場與周遭涵構的互動、不同時間活動與空間關係、空間型態與視野。
　　㈡繪製這個廣場的配置示意圖、剖面示意圖，表達空間構成、空間型態與尺度，並說明廣場成功的因素及未來的期待。

二、設計題：（70 分）
　　㈠題目：都市中的文創園區
　　　住商混合的都市環境，擬開發為文創園區，以期帶來都市活力、創造新產業。
　　㈡基地概況：
　　　基地周邊為住商混合區，基地旁有一歷史建物（一層樓三合院），基地內有既有樹木。建蔽率 40%、容積率 200%，須留 3.6 m 無遮簷人行道。
　　㈢設計內容：
　　　1.文創工作坊（共同工作室 300 m^2 ×2 間，個人工作室 40 m^2 ×5 間）
　　　2.文創辦公室 90 m^2
　　　3.展示空間 200 m^2
　　　4.多功能使用演講廳 250 m^2
　　　5.會議室 60 m^2
　　　6.餐廳區 300 m^2、開放式廚房 60 m^2
　　　7.咖啡廳 200 m^2
　　　8.公共服務空間自訂
　　　9.地下停車位 120 輛（含 1 輛裝卸貨車位），機車 25 輛
　　　10.地面公共腳踏車 10 輛
　　　11.室外多功能廣場 600 m^2（不定期供短期臨時展場使用）
　　　12.既有樹木可保留或於基地內移植

我所抽取的關鍵字會是：

一、廣場、定義與種類／臺灣都市或城鄉／形成原因、變遷、活動、
　　型態等

二、舉例說明優點及發展可能性／繪製配置與剖面

各位可以看見，這個階段我所執行的任務，便是將原本約 120 個字
的文字敘述，試圖濃縮成精簡的幾個關鍵描述，而這些描述，主要
的用意是……！！很重要歐！！……「這個考題要我們寫什麼、畫
什麼、表達什麼」的濃縮，也就是「抓重點」來回應，畢竟考場時
間有限，我們無法包山包海地回答所有的細節。

不誇張，以筆者過去在幫學生上課與看圖的經驗，有超過一半的學
生在上繳的 107 年敷地模擬考大圖中，有人是沒舉例、沒畫剖面圖、
沒描述未來發展、甚至所舉案例並非臺灣的實例……，這是很誇張
的，文不對題且牛頭也不對馬嘴，因為很多考生拿到題目在匆匆一
瞥之後，就胡亂想畫出自己想畫的、能畫的，但卻忽略了考題「要
我們畫出跟說明的」到底是什麼。

再接著我們以上題的基地圖來抽取關鍵字重點。

這塊基地，身為考生的你能看到那些重點呢？不妨先自己試試看，
試過之後再參考下頁筆者的想法。

不管是在考場中或是在平日練習解題的當下，我會自己以關鍵字隨
機寫出以下的內容：

舊建物題型、斜屋頂與合院、老樹眾多、移植計畫、捷運人流進出、
廣場吞吐、新舊整體開發、多邊臨路靠南、12M ～ 16M、12 ～
15R 大樓密集商辦住宅區、2 ～ 5R 低矮建物老舊連棟、高雄台北、
多角形基地、轉角介面處理、北邊都市綠帶、水岸景觀活動……

當邊讀題邊寫下這些我自己讀到的關鍵字時，會再適度整理一次，整理成適合我思考的排序，如下：

A、舊建物、合院、斜屋頂、新舊融合＝同一價值體系

B、老樹不動、小樹移植、複層誘鳥蝶、季節花期與環境色彩、綠蔭花園與活動＝同一價值體系

C、都市擴張、新高樓與舊矮房之開發交界、捷運站如中永和附近（以筆者 2007 ～ 2011 在台北生活之空間記憶判斷）、上下班人流與民生商業活動＝同一價值體系

D、多轉角區域、多廣場設計、結合申論題延伸廣場的論述、廣場的動靜分級＝同一價值體系

E、水岸觀景、自行車運動、假日親子活動、河岸市集、夏日煙火祭典、籃球場＝同一價值體系

以上 A ～ E 的整理動作，基本上已經與題目的文字本身有點脫離，更像是我以個人視野、生活經驗、設計類型、都市觀察、大學或研究所學過的知識、工作環境中實際操演過的個案……等，純屬於以我個人能夠掌握的「價值體系」，來解讀分析這一個題目或是這一塊基地所能掌握、表現的範圍。如此一來，**我便以我的主觀意識為主、客觀知識為輔，戴上屬於我自己的眼鏡來解題，我所解出的設計便有我自己的筆觸與色彩，而不是如同「如同補習班的罐頭般解題」，千篇一律，沒有生命的解題，也脫離了建築師考試要判斷考生是否具備「成為建築師的獨立思考能力」。**

以上這些抽取的過程是非常重要的，唯有如此，讀題才能化繁為簡，解題也能以簡馭繁。

3-4
線索與陷阱

經過前兩個步驟的分類、讀題並抽取關鍵字後，代表我們開始要進入解題的階段。「解題」二字可謂解析＋題旨，意即「透過解析題目描述的過程，找尋題目的主旨」。上個步驟所做的抽取關鍵字，便是解析的一部分，但尚未完全，更重要的另一部分，便是本書所傳達的主要概念「賽局」。我們必須換上一副新的眼鏡來審視這些關鍵字當中，有哪些是出題老師所留下的「得分線索」及同時埋下的「失分陷阱」。

這邊帶到一個很重要的觀念：「考試，不像是學生交作業，比較像是談判做生意。」很多考生大多把過去在學校念建築系時，如同建築設計課般的每周繳交作業並接受老師評圖的溝通經驗帶到考場之中，這難免會讓考生遇到挫折，彷彿表達設計便是單一方向提供不完整的作業進度與不成熟的設計思考，被動地接受老師的評比三溫暖洗禮，下課後再繼續下一周的設計進度製作。

但是，考試完全不是這麼一回事！因為，今年上繳的內容不夠好便直接是淘汰了，既無法針對同一題目精進也無從修改起，只能等明年再重新遭遇新的題目，一再輪迴。另一方面，考生並無法像設計課一般，與出題老師有你一言我一語的討論空間，老師在圖紙上看到的所有資訊就會成為評分的依據，無法讓考生利用口才話術或是美麗帥氣的外貌來轉移焦點。因為，考試是一場賽局，你必須明白出題老師想要你取分的線索，同時也要看得懂出題老師想要你失分的陷阱，而達成這場賽局的雙向溝通基礎，便建立在「你能看懂題目，找出對的問題，給出合理的對答」。

以上一步驟的範例來說明，我將線索維持原樣，但將陷阱上底色，如下：

A. 舊建物、合院、斜屋頂、新舊融合

B. 老樹不動、小樹移植、複層誘鳥蝶、季節花期與環境色彩、綠蔭花園與活動

C. 都市擴張之開發交界、捷運站如中永和附近（以筆者 2007～2011 在台北生活之空間記憶判斷）、上下班人流與民生商業活動

D. 多轉角區域、多廣場設計、結合申論題延伸廣場的論述、廣場的動靜分級

E. 水岸觀景、自行車運動、假日親子活動、河岸市集、夏日煙火祭典、籃球場

以筆者的作法，會將上述幾個陷阱獨立出來，做進一步的解析。

A-1.

新舊融合為此基地的特徵之一，出題老師不會無端放置一個三合院的歷史建物在基地中央而希望你忽視它，他勢必要想要考生針對這棟具有紀念價值的三合院做出一些回應，可能是形態上、構造上、材料上、環境色系上又或是空間特質（埕、廣場）等的描述，因此對筆者來說，如果考生對此視若無睹或是回應力道過於薄弱，那麼同時喪失了得分的機會，並且可能落入失分的陷阱中。例如或有考生傻傻地將合院空間完全留白不理或是用圍牆堵起來不讓人進出，甚至將合院的建築造型表達成平屋頂的平房，甚至想要拆掉或是改造成貨櫃屋……這些看起來都很可笑的想法，卻是筆者曾經看過的學生方案。

B-1.

同樣地，出題老師也不會沒來由地在基地上擺出這麼多大小不一的現地植栽，而且 10M 以上樹冠直徑的數目多達 10 棵，可以推想的是老師想要測試考生對於植栽移植計畫的認識，同時更希望考生能迎接這些大型植栽的位置做出相對應的開放空間如廣場及步道，或是半戶外空間如天井及樹屋等。當然，很多考生在考場的緊張氣氛之下，將大樹胡亂移植一通、將地下室範圍設置在大樹正下方、抑或是幾棵樹木憑空消失而用量體取代之，這些無厘頭的當下反應，可不在少數，那麼你又再一次地踏入陷阱中。

C-1.

捷運站就在基地的西側，代表這是人流的進出口，同時一旁又是水岸設施，平日會有上下班或上下課的交通人潮，假日也會有人流從地底下冒出來通往河濱公園的可能性。因此，通學步道、散步道、自行車道、行道樹、複層植栽與綠化等等廣場式及沿街步道式開放空間（請參考建築技術規則第十五章定義）的設計，便顯得非常重要。而考生們如果忽略的這個小小的不起眼的捷運站出口所帶來的暗示，那麼不僅得不到分數，更可能做出不適合此基地特性的設計。

D-1.

這一項我們用「線索」的角度來解讀看看。申論題中，很明白地出題老師希望從考生的回答中得知考生對於「廣場」的認知經驗、設計內容、發展性等做出論述，而且在基地本身也是屬於不規則形的地塊，擁有多個轉角且幾乎都臨路，而中央還留有一處具有台灣傳統閩式建築或是漢人移居的特色空間 也就是「埕」。可以大膽推測，出題老師可能很強烈地暗示這個敷地考題的主旨便是「廣場設計」，同時也作為一個都市中的文創園區，期待在新舊市區的交界處透過公共空間設計、公私介面處理、商業活動進駐、文化景觀塑造等，讓考生做出一個「生活的提案」。這個簡短的推理，就是筆者所謂的賽局思維，你必須先推敲顧客（出題老師）想要什麼服務或商品

（設計方案內容），衡量自己的生產技術、生財器具（空間體驗、設計經驗）之後，以滿足顧客的需求（題旨）。這樣比喻，是不是很像在做生意呢？ 的確，設計師本質上就是一個在推銷想法與做法的職業，跟保險業務員或汽車銷售員無異，差別只在於你操作的對象是「生活」，正因為「建築是生活的容器」。

E-1.

本基地北側有一條橫貫而過的水流，雖然題目沒有交代其河道寬度，但從圖面上可以推測不只是一條溝渠的規模，而是溪流。因此，勢必在河岸兩邊會有其延伸的戶外活動或觀景設施，那麼，考生是否能於此找出本案所需設計的文創園區有何活動上、空間上的延伸或借用？這便考驗到各位的生活體驗與敏感度。

賽局思維

綜上，相信各位讀者漸漸發現，筆者在讀題之際會偏向去觀察、推敲出題者刻意設定的基地條件或是使用條件，這就像是魚餌一般，拋到水中期待考生能夠看到並與之互動對話，利用設計繪圖上的空間回應來判斷各位考生是否具有成為建築師或公務人員的特質。筆者曾經在大學校園內擔任過 6 年的建築設計課兼任講師，每每輪到出題之際，筆者所想像無非就是如何撰寫這份設計題目、給予足夠的資訊與線索，讓大學生們能夠據此自主找尋解答、培養設計經驗，並且為了下一個學期做準備，最後具有製作畢業設計與投入職場工作的能力。那麼，建築師考試又不外乎是如此呢？

來吧！ 針對此題 107 年敷地計畫的（三）設計需求，請各位考生做個練習，嘗試在題目所撰寫的隻字片語之中找出玄機，先找出關鍵字，再辨認出線索與陷阱。筆者建議在「認真準備」的狀態下，每天、每天都如此練習，功力必定大增，開始「看得懂題目了」，才有對話的開始，加油～

3-5
對號入座

在歷經過上述的練習階段之後，我們接著進入讀題的「奧義」，這可說是筆者最喜歡的部分，也是大多考生最缺乏的練習，也就是「對號入座」。

什麼是對號入座呢？ 白話而言，就是利用題目中所描述的條件或情況，跟現實世界中你所理解的社會風氣、經濟產業、企業團體、話題事件……等，兩相連結並假設此題的條件就是依循著這個「現實的脈絡」持續發展下去的話，會產生出什麼樣的設計。

舉例而言，本題基地上的合院建築，各位讀者能夠聯想到哪些存在於現實世界中的案例呢？ 筆者是南部人，我想到兩個，一個是位於台南赤崁樓一旁的古蹟建物──蓬壺書院，規模不大但精緻且與周遭的其他古蹟、廟宇連結；另一個是位於高雄鳳山的鳳儀書院，規模更大更完整，是台灣現存最大的書院建築。因此，當我在腦海中出現了這兩個類似的案例時，我便會去回想過去實際參訪的經驗，當下的感受與對於未來的想像，讓本題基地「對號入座」，就像是為了這兩個實存書院設計一般，在本題的合院建築做出類似的回應，當然囉，這合院建築的樣貌、形制、材質、高度、動線、設施等，我也會參考之並設定於本題解題過程之中。

這樣做有什麼好處呢？我想最主要有兩個優勢。第一個，有別於其他考生對於類似空間毫無認知的狀態下，設定出不合時宜或是不知如何設定的古蹟建築與周邊環境，回答出來的設計內容絕對顯得相對空泛且空中樓閣般不切實際。而當讀者能夠跟隨筆者的腳步去對號入座時，你的設計會有「根」，會有推論的起點與判斷的現實案例依據，如此一來，設計便顯得相對踏實且有說服力，而這不就是「準建築師的表現」嗎？ 第二個，如果恰巧你所援引的案例設定，出題老師有看過或參考過才出題，那麼你不就是投其所好且正中下懷，與出題老師的頻率相近而回答出老師所熟悉或是似曾相似的內容？ 恭喜你，除了運氣好以外，也是你懂得推敲顧客（出題老師）要的是什麼，在滿足需求之後又怎能不高分呢，是吧。

再簡單補充一點，很多年度的題目中都會出現咖啡廳、書局、國中小、廟宇、文武百市、公園、河川……等，真的是一再地又一再地出現這些類似的條件，既然在準備考試的過程中，他們常常都會出現在身邊，那麼，把他們當作「老朋友」吧。怎樣的朋友才算是老友呢？就是那些你閉著眼睛也想像得出來他長得像哪位明星或諧星、身高比你高或矮多少、歌唱得如同胖虎（技安）或是靜香（宜靜）……這些特質你如何都忘不了。這些熟悉的特質，為何不能出現在上述這些基地條件，又或是題目類型當中呢？ 諸如很常入題的社會住宅、校園、圖書館、社區活動中心、展示空間、體育設施、企業訓練中心……，把他們的背景資料與特徵都放到大腦的口袋中，常常找這些老友出來見面寒喧，一旦今年的考題與上述有任何一些相似之處，就像跟老友聊天一樣自然輕鬆又默契十足，要畫出來一點都不困難，解題效率可謂翻倍！這就是對號入座的魔力。

3-6
建築與敷地的分別

以建築師考試為例，術科分為想必各位都已熟知的建築設計（下稱前者）與敷地設計（下稱後者）這兩科。雖然他們同樣都是以繪圖為主軸的考題類型，但是兩者對比者來講有個根本上的相異之處，簡單羅列如下：

一、操作時間

前者為 8 小時而後者僅為 4 小時，也就是前者是後者的 2 倍時間但同樣都是需要交出一張文情並茂的大圖，可見，前者如果畫不完，後者鐵定畫不完，而後者畫得完，前者想畫完也不是難事，因此，在平日訓練的過程中，我認為敷地的訓練量可以多些，不管對於解題速率或完成度的掌握上，投資報酬率會更高些。

二、範疇（Scope）

前者以建築為主軸，透過建築的內部與外部的對話關係，操作建築空間與機能編寫來展現考生對於空間與環境設計的掌握能力；而後者是以環境為主軸，討論的是基地與周遭的對話關係，並透過操作量體的配置來展現考生對於敷地環境與都市設計的掌握能力。因此，這兩者放眼的範疇 Scope 是有根本上的不同，很可惜的，我們過去在大學時期，大多數的時間會放在前者的練習，而後者會相對少，因此，非常多過去在學校時建築設計能力名列前茅的優秀學生，在考場中前者很快就過關了，而後者卻一直卡關，原因就是把力量用錯了地方，筆者本身就有類似的情況，不勝唏噓。

三、申論題

殘酷的是，後者雖然只有 4 小時，還不只是單純的繪圖題，更有個申論題需要考生以圖文並茂的方式進行回應，占了 30 分的比重。然而，絕大多數的考生卻將申論題當作是「等到畫圖畫完，有空檔的時間再來回答」的設定，如此的立場，很容易就是「沒時間回答」，或是以殘缺不全的潦草字跡隨便在 5 分鐘內回答這 30 分，自然是丟分丟得很徹底呢。

四、甲方與乙方

同常在契約關係中，受委託而提供服務的供應者則稱為乙方，而業主或客戶等購買服務的一方稱為甲方。這考場中，這兩科對筆者而言，在前者即建築設計中，考生扮演的人設比較偏向於純然的乙方，也就是建築師、設計師的角度，對於題目需求提出設計回應。而後者即敷地設計，筆者認為考生的人設比較偏向甲方，意即除了設計之外，必須提供更多對於整體規劃、分期計畫、土地特性分析、開發效益評估等面向，因此所考驗的層級不太相同。

第三章結語

本篇以上概要整理，提醒各位考生可參考這樣的分類與辨別，作為自己判斷考題、解析題旨的依據。所謂「臨兵鬥者皆陣列前行」是古時候的武士在戰場中的九字護身真言，私以為各位考生在考場中，最有用的護身符也是簡單的九個字「**我知道自己在做什麼**」，而本章便是與各位分享賽局思維的運用並知道出題者與考生的供需關係，自然在推銷想法、獲取認同的功效上，將無往不利！ 筆者就是運用這樣的思維，在同一年度考上公務高考三級與建築師高考，不妨一起動動腦，找出新方向～

解對題

解對題，就是說該說的話、做該做的事

經過前三章的概述，我們了解了考試中的基本圖像載體，如線條、符號、交通、景觀……等，也明白繪圖工具並不是越多越好，簡單精要才是首選。接者，翻開考古題，密密麻麻的文字傻了眼，我們該用有系統有 SOP 的方式去讀取題目，提煉重點。而在提煉出重點之後，下一步是什麼？我們就用此章「解對題，就是說該說的話、做該做的事。」來繼續說明，這一章是本書最關鍵的章節，請各位讀者在準備考試的過程中要多多來回複習，才能深深刻入你的腦海中變成基本動作，就像 NBA 籃球員投球時的自然反應，運動神經會代替你投出那顆致勝的進球。

在讀完題目、抽取關鍵字、區分線索與陷阱、對號入座等分析階段之後，將手中的籌碼加以重組、衍生、深化，為我們解題的下半段打好基礎。接著，我們以男女主角、空間劇本、借題發揮、量化的質化等四個章節來說明。

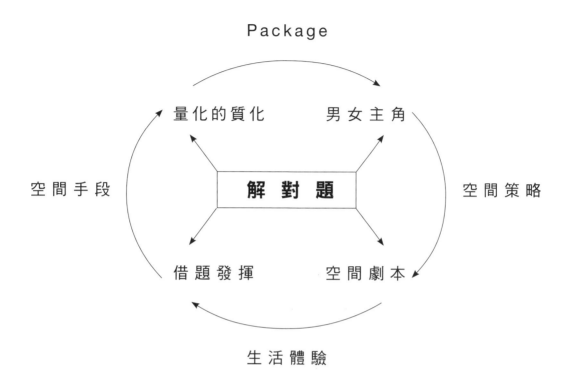

4-1
男女主角

經過上一章的說明，我們開始能夠對考古題做出概要的分類，接著抽取出關鍵字，也能試著分辨線索與陷阱其實是一體兩面，當手中握有這些資訊之後，第一步就是對號入座，簡單說就是去跟現實世界中的案例也好、過去在書本上讀過的資料也好、自己曾經造訪過的優秀作品更好，盡力去讓手中的這個題目與「自己發生關係」（related），進而產生出自己的觀點並有了產出設計方案的材料，接著就是去定義出「男女主角」。

沒錯，就是你想像的那樣。每一齣戲都有男女主角，這兩個角色串起了整部戲劇或電影的「主線劇情」，而這個主線劇情是否高潮迭起或是平淡沉悶，便主導了觀眾對這齣戲的評價。當然，藝術形式必須自由而不能獨裁，有人喜歡冒險動作片，也有人喜歡文藝愛情片，就像在學校裡上設計課，老師大多也不會限制你的發展。只是…不過…考試跟在學校不同。

我認為考試比較像是「紀錄片」，紀錄片基本上會建立在一個基本的定義上，也就是「敘事架構」。簡單言之，紀錄片貴在「描述事實」，並適度加入主角、配角或導演本身的「主觀、客觀觀點」。考試似乎也是如此，必須以主角、配角或是身為導演的你來陳述觀點，而這個觀點是建立在描述事實，也就是「敘事」之上。因此，我們現在要做的，就是在眾多的關鍵字、線索與陷阱之中，去定義出我們想要讓他上台表現的「男女主角」。

不論你找來的男女主角是否高富帥或白富美，絕對不會是像坊間補習班以背招式、配置、別人的考場復原圖（註：即過關考生重新繪製過關方案）來複製貼上，那太沒意思了。我們期待一起來找出具有魅力特質的主角們，在圖紙中上演著引人入勝的戲碼。

同樣以 107 年的敷地計畫題目「都市中的文創園區」（歷年各考試類別的各科考畢試題都可以在考選部網站 https://www.moex.gov.tw/ 上取得）為例（題目見本書第 74 ～ 75 頁），在這一題中，各位讀者考生覺得出題老師想要看到什麼戲呢？

釐清主從角色

以筆者的角度來解讀，我會將關鍵字一一排開，來檢視一下，誰適合當男女主角來主演，而誰適合擔任配角來串場。

A. 舊建物、合院、斜屋頂、新舊融合

B. 老樹不動、小樹移植、複層誘鳥蝶、季節花期與環境色彩、綠蔭花園與活動

C. 都市擴張、新高樓與舊矮房之開發交界、捷運站如中永和附近（以筆者在台北生活之空間記憶對號入座、上下班人流與民生商業活動

D. 多轉角區域、多廣場設計、結合申論題延伸廣場的論述、廣場的動靜分級

E. 水岸觀景、自行車運動、假日親子活動、河岸市集、夏日煙火祭典、籃球場

以上這是上一章所抓取的關鍵字，在這一章的這個步驟，我們必須加入新的戰力隊員，也就是前階段未置入的「機能需求」，我們刻意將其放在這個階段再加入，如下所列。

F. 文化創意、工作坊、演講活動、會議諮商、餐飲娛樂、汽機車停車、公共自行車、戶外展覽、樹木計畫

接著，我們來試著媒合看看。Ｆ與Ａ～Ｅ有哪些是重複或者有極大關聯性的向項目？我會抓出：

甲：樹木計畫＋綠蔭花園活動

乙：戶外展覽＋廣場／餐飲娛樂＋廣場

丙：文化創意＋舊建物／文化創意＋（河岸）市集

丁：停車空間＋老樹

戊：公共自行車＋水岸休憩運動

……以上等等項目，試著去交叉比對，將類似性質的空間設計或是有機會媒合的活動串接起來，便能找出幾個等著登台的明日之星。接著從中，筆者會去思考「**出題者最想看到什麼考生解決什麼問題（即需求）？**」這部分需要考生來判斷，今年老師設定出這些條件，主要想討論哪（幾）件事，以便於評斷哪種方案（10% 左右及格率）可以過關，哪些方案銘謝惠顧（90% 失格率）左右……這樣的反推與詰問，會讓動筆開始構思方案之前，更能定義清楚找出這張大圖你所想表現的主軸。

依筆者的思考與判斷，我想讓：

乙＋丙：
將「廣場」與需求中的室內、戶外或半戶外活動結合，成為我的主打星。所有的設計說明，我都想圍繞著這個主題打轉，不只戶外活動如文創市集、學生社團成果發表、銀髮團康、媽媽韻律教室在廣場上可以舉行，我還想設計一些點狀配置的亭子或帶狀延伸的棚架走廊，讓這些構造物可以與廣場上、舊建築周邊的活動

有相對應的關係，例如春節包春捲、端午節綁粽子、中秋節烤肉等，並此讓人群可以在構造物中休憩，避免日曬雨淋。除此之外，室內空間例如演講活動與會議諮商，即使在室內也能享用到外部的綠意，同時能夠遠眺廣場上的活動但不受干擾，因此可能會用灌木、水井或高低錯層，讓內外有各自的領域感……這就是主角之一，我會用盡一切方法「推銷」這位主角。

甲＋丙：

基地上的眾多老樹，可以留在原地，並妥善利用資源，讓樹蔭底下可以成為綠蔭花園，平日提供社區居民乘涼、假日提供外地遊客拍照打卡遛小孩與毛孩，而地下室停車範圍必須避開老樹根系，以免老樹受截肢而 GG。至於其他的小樹，可以一併移植整理至廣場上抑或是舊建物周邊，甚至可以搭配其他複層植栽，打造香草花園或生態水池，既有基地綠化的效益，調節微氣候亦能節能減碳，導向綠建築的精神。因此，新建築物的外觀就可以搭配樹的灰與綠、舊建築的紅磚或木紋，運用到設計的概念之中……這也是主角之一，我也會用盡一切方法「推銷」這位主角。

主角不能多，兩個恰恰好，千萬不能貪心，其他的基地特色或需求，只能請考生將其列入配角，但並非完全忽略，而是善用點綴之，例如戊：公共自行車＋水岸休憩運動，這一點當你在設計中提到大眾運輸 MRT 時，請不要忘記將公用自行車的租借駐點明確地畫出來，並用設計說明文字簡單帶過。而如何連結至水岸及舊建物的休閒景觀，也請將自行車車道的動線系統搭配行人散步道延伸至水岸與合院……這樣的作法作為配角，讓出題老師知道你有 catch 到本題的精要，但以和緩的方式去整合環境。

經過以上的整理，我想你已經大致有設想到，解題該由哪個方向切會更有效益，同時也能讓出題老師眼睛一亮，覺得找到「知音」了，這種感覺很重要，就像尚無通訊網路科技的 60 年代，只能透過書信閱讀來自多年不見的老友問候，那樣動人。

4-2
空間劇本（Scenario）

在一個場景（手上的那張空白大圖）裡，經過男女主角以及其他配角的角色選拔，每位明星的檔期都排開，到了拍片現場要做什麼？為了避免只是當著花瓶或是假人假樹（譬喻為視而不見的一切線索與陷阱），身為導演的你，並須透過一個「依據」讓每個角色依序上場、產生對話、發生故事，於是乎安排場景及攝影機動線、控制光線與收音、盯著 monitor 期待心中的那一幕真實上演。同時，你也是製片，更要安排每位角色的定裝、定妝、住宿、便當……各種繁瑣的拍攝細節，也才能讓拍片過程順利進行而不缺東缺西。這一切都需要仰賴著的依據 就是「劇本」。而既然我們所設計的是行為、是空間、是建築，那這劇本就被筆者稱為「空間劇本 Scenario」，意即在這塊基地上，即將進行的人、空間、建築與環境之間的每一齣戲碼。那麼，怎麼讓你的戲碼「叫好又叫座」呢？

跟著本書提出的思考習慣──賽局思維，我們首先要做的就是思考。

「出題者可能想要看到什麼樣的劇本在這塊基地上演出呢？」儘管，我們不會知道出題老師是誰，也不知道他的喜好類型，但我們唯一可以掌握在手中的就是兩項資訊，一個當然就是「題目本身」，而也透過前述幾個步驟，被你提煉出了幾項重點。**那麼另外一個呢？其實並不在題目之中，而是我們在台灣這塊土地生活至少數十年以上的時間，或許也曾經出國遊歷了不少優秀空間設計作品，在這個基礎上，你的「生活體驗、設計案例、時事敏銳度、未來可能性」，這也是個人眼光獨具的「專業見解」，這就是你的劇本之一。這兩者的加總，便是設計出發點也是接下來的發展藍圖。**

解題的兩個資訊線索 → 題 目 本 身

→ 專 業 見 解

進入題目中的使用者視角

以 107 年敷地計畫題目為例，我們可以從「使用者」的角度來譜寫這段旅程，正因為設計者本身除了是規劃全局的人，也是使用空間的人，而考場中的評分老師同樣也是用使用者的角度來評量設計的各層面。因此，我們來假設並帶入，如果你是「OOO」角色，會如何遊歷這個空間呢？

如果你是從 MRT 出來的附近住民

平日時，自 MRT 出來的人多為居民，那麼居民有大人、小孩、長輩、新住民等，他們要去哪？走什麼動線去到目的地？過程中會在哪裡停留？這些提問就如同是空間劇本的運鏡，必須有「畫面感 pictueresque」。

例如，某位附近居民下班後，從市中心搭著地鐵回到這塊基地，而他家在附近的住商混和大樓中。出了站口，今天工作上的壓力與情緒依舊縈繞，她走過馬路踏進基地之後，走在自行車與行人分道的人行專用道上，踏面是偏暗且低彩度的紅磚及灰磚，跟舊建物的立面色彩相應。而人行道一旁有個帶狀且不連續的生態型水池，附有雨水滲透貯集的過濾設施，同時種植著多樣化的本土種灌木與草花，在人行道性富有韻律的排列著，搭配著路燈，每隔幾公尺就有一棵喬木，樹下有塑化木的座位，搭配有趣的小型公共藝術，看了令人莞爾一笑。坐在座椅上放空發呆，望著夕陽西下，舊建築優美的屋脊線與起翹燕尾，天空中的倦鳥歸巢，這個畫面成為這位主人公儀式性的一幕。在日常生活中，每每走上靠近家門的這段路途，在視覺上、氣味上、溫度上都感到舒適，具有撫慰人心的效果……如果空間劇本是這樣編寫的，各位考生的任務就是「把它畫出來」，利用透視、剖面、平面呈現，別無他法。

如果你是假日時來參與市集的攤商（或遊客）

不管是文創市集或是假日市集，全台灣各大景點都有舉辦的往例，有的辦一兩次就沒了，有的每年或每季都成為當地的一大事典，例如台南美術館二館的森山市集，就像是京都的祇園祭一般，吸引了數萬人潮。那麼，既然這個市集活動常常會在考試中遇到，可能各位考生要先問問自己是否有參加過？參加的經驗是否能夠回饋到大圖的設計方案中。

首先，以攤商的角度，不管所販售的商品是餐飲、服飾或是藝品類，既然來擺攤就是第一目的一定是為了推廣品牌，第二目的可能就要有所盈利，第三目的就是認識同樣的攤商人脈，互通有無。那麼，以攤商的角度，劇本該是什麼？以下開放作答……（請讀者善用自己的生活經驗和想像力）

再者，沒有人潮的市集是無法稱作市集，什麼是市集？菜市場就是一個典型。那麼，一般百姓去菜市場就是各取所需，除了雞鴨魚肉蔬菜水果之外，還會有因應婆婆媽媽或小朋友的需求而生的化妝品、包包、童裝等，菜市場雖然很 local，但是有趣的菜市場所在多有。去日本東京、京都時，每年遊客都想造訪的（前）築地市場、錦市場，不就是結合了觀光、餐飲與產業於一身的好案例嗎？那麼，各位考生可以想想看，一個會讓你想一去再去的那個文創市集是誰？以及它之所以成功的原因為何呢？以下開放作答……（請讀者善用自己的生活經驗和想像力）

以上兩項開放作答的目的，就是期待各位考生不論是在考場中或是平日練習解題時，在分析完題目之後，開始模擬出「男女主角」的分鏡圖與腳本，這些以使用者為視角所建構出的空間經驗，便是空間劇本的原型。有了這個劇本做完故事劇情開展的依據，就如同設計過程中如有神助，所有的設計便開始會讓看圖者或評圖老師有「既視感」，更能與現實生活環境中的生活體驗連結起來。如此一來，便能勝券在握。

當各位考生第一次思考這樣的「設計供需」時，可能會覺得很吃力，因為平常我們只是消費者，很少會主動去理解每個商業行為背後的成因，除非自己家裡本身就是從商。但也很諷刺的是，身為建築設計師的我們，常常要設計很多空間需求卻是我們未曾策畫過甚至使用過的，諸如展覽、活動、圖書館、餐飲、國民運動中心，更遑論目前正夯的議題，如銀髮長期照顧、托嬰托幼、新住民、5G 運用……等社會脈動。所以，尷尬的就是，我們常對某些習以為常卻又不甚熟悉的空間類別要進行設計，設計的過程中只能倚靠自己微薄的記憶與想像力，設計出來的結果是否能夠 work ？……這通常是設計能力高下立判的關鍵點。而當各位考生在平日就依此邏輯進行沙盤推演，獲取足夠解題經驗，在考場中就不難熟門熟路的提出切中要害的「設計方案＝空間劇本」。

4-3
借題發揮

於此，我們再針對第三章有提到的「對號入座」做更進一步的闡釋，也就是「借題發揮」。何謂借題發揮？也就是原本不在話題內的內容中，某個小點被放大檢視後，便成了新的話題之一。

例如，一家人開開心心點了某速食店的披薩套餐，附餐是義式炸雞。吃了之後，覺得披薩口味尚可，但炸雞卻驚人地香脆多汁，根本是被披薩耽誤的炸雞店……用這樣比較通俗的譬喻，希望可以讓各位考生理解，考試的重點並不僅止於題目上所羅列的關鍵字，更有可能是關鍵字之外的「副餐」，更能讓評分老師覺得香甜多汁（誤）。

一樣舉 107 年敷地計畫題目為例，雖然題目是「都市中的文創園區」，以前文的比喻就是那份「套餐」，在這個豐富的文創園區套餐中，想必文創相關的議題本身就是那塊披薩，當然我們先假設它被烘烤得很美味可口，那麼各位考生認為那份薯條、炸雞腿或是蛋塔飲料等，會是什麼呢？

1. 會不會是這棟歷史建築所衍生出「舊建築再利用」的議題

2. 還是老樹做為「都市綠肺、生態公園」的議題

3. 或是如何扮演縫合周邊老舊社區與新建大樓的「社區營造與再生」角色

4. 更放大一點來看，如果能夠從根本上去思考題目開宗明義的「文化創意產業」的定位與需求？畢竟大家都知道，有太多公家機關設立的文創相關空間演變成蚊子館，在某些不合宜的條件下所舉辦的文創活動成了無趣也乏人問津的一次性活動，甚至淪為政客的造勢場合，最後變成了「白天的夜市」，甚是可惜。

這些都可能是每一個案子、每一張考題最需要被重視，但並非被清楚列在題文中的「彩蛋」，而這些彩蛋就是讓您借題發揮之用。同時，也考驗到各位考生本身是否有獨立思考思辨及創造力的建築師或高考公務人員，還是只不過是一台「大圖輸出機器人」？這個部分，目光雪亮的評分老師，應該有自己的一套辨識方法。

因此，我們切換到評分或出題老師的角度來看，每年有兩、三千張的術科大圖要看，茫茫圖海當中，如果每一張圖都看 10 分鐘（這已經夠短了吧，你花了 4 或 8 小時繪製的耶！），那也要兩、三萬分鐘，也就是 300 ～ 500 小時的看圖時間，一天 8 小時不間斷的話，要看多少天呢？ 是很驚人的 40 ～ 60 個工作天。我想，這應該是天方夜譚。那麼每張圖如果只看 1 分鐘而已，老師也要耗費 4 ～ 6 個工作天，如果必須在 2 ～ 3 天內評完分呢？

因此如何在 30 秒內先說服閱卷老師，你所繪製的這張大圖是屬於值得被細讀的 1 ／ 5，也才可能在一番細讀之後，成為那 10% 級格率或是更低機率的關鍵少數呢？

關於這一點，筆者也沒有標準答案，我只能用過去在某大學擔任設計課老師 6 年的期間中，必須在 1 小時內對全年級 60 ～ 80 份貼在牆上的大圖做出評分。第一步就是先篩選，要篩掉低分或不及格共約 2 ／ 3 人數的學生很容易，只要看外表（完整度、圖量、表現法、模型精緻度等）即可判斷，每位老師都不會有異議。但要在每分組 8 ～ 10 人的學生中，選出 1 ～ 2 位上台接受正式評圖的優異作品，除了看外表之外，我會花點時間看內在，看看這位學生是否有解題解到核心，除此之外，能有「附加價值」就更好了，而這個附加價值在考場中就是「借題發揮」，鐵定優秀。

至於那家雖說是專賣披薩的速食店，卻有很多顧客願意多點炸雞來吃的原因，便是在於它的附加價值，而且說不定……炸雞的銷售利潤比披薩高，你說呢？這樣的例子很多，總是會有一家陽春麵店，你會為了它的滷味而大排長龍，當然也會有負面的例子，總是會有一家客單價不斐的餐廳餐點與環境很不錯，但就是因為服務生擺臭臉及不衛生，從此成了你的拒絕往來戶。那麼，你的圖會是哪種情況呢？希望各位考生能嘗試著找出自己或題目中的「附加價值＝借題發揮」，讓評分老師可以感到回味無窮。

請考生不妨試試看在每一章考古題的讀題練習之後，多花些時間與精力去「對號入座」，接著「借題發揮」。期待各位考生的每張大圖都能成為考場中的香甜炸雞。

4-4
量化的質化

我們再接著來看看 107 年敷地計畫題目的空間量，在（三）設計內容中羅列超過 10 項的空間名稱以及各自的面積大小。在此我們稍微做個的角色切換，如果各位考生今天並非建築專業而是其他背景諸如文法商或科技業的業主，你看到的這些需求項目很可能是「容積該如何妥善分配與利用？」抑或是「某某空間因為要裝多少人所以應該有多大的面積」這樣的大眾思維，這沒有問題，因為就像去菜市場買菜，既然都是現金交易，勢必得做好預算規劃，把錢花在刀口上。

那麼，各位準建築師或準政府官員，您的眼光是否因為您受過建築教育訓練而有所不同呢？這點值得大家一起深思，據筆者過去幾年幫學生看圖的經驗，答案是「沒有太大差異」，甚至更慘，例如一看到題目上寫著「多功能演講廳 250m²」的規模，只是如同機器人在圖面留下相同面積大小的空白空間，寫上該空間的名稱，就結束了……？這樣與一般大眾是無差異的，甚至更糟。

本節講的是「量化如何質化」的技巧，以多功能演講廳 250m² 為例，我們應該想到的，不能只有空間面積的大小，既然是準建築師或官員就必須有更多的考量。

例如：
1. 適合觀看演說與靜態展演的長寬進深比與空間高度

2. 大跨距內部無落柱的構造方式

3. 大跨距屋頂本身的構造方式

4. 多人集會空間如何自然採光

5. 多人集會空間如何被動通風

6. 集眾空間如何引入人群及快速疏散人群

7. 一般廁所及無障礙廁所、講師休息及化妝室、小型會談空間、燈光影音控制室、空調消防等機房、雜物儲藏室、2 樓觀眾席、舞台佈景置換空間（flytower）……等整合

8. 此演講廳的主要建築設計概念

上述這八點，全部都沒有包含在「多功能演講廳 250m²」的任何一個字當中，但是全都是設計這一個空間之際，必須一起考量的整合部分，在此筆者提出一個在過去授課時最常用的一個單字**「package」，一整組的空間包裝組合**。如果在考場中，規劃設計大圖時而腦海中只是想把空間量一一消化，而沒有這樣積極的 package 思考，那麼很自然，你的圖看起來就會像是一盤散沙，像極了一盤放滿了豆腐塊、肉碎、豆瓣醬、花椒、蔥段、薑末及油醋鹽糖等調味料的食材拼盤，而不是一道美味可口的「麻婆豆腐」。

對筆者而言，當大多數的考生在考場中或是平常練習時，一拿到題目快速瀏覽過之後，便馬不停蹄的將題目中所載列的空間量做成小積木，而疲於奔命地將其填充在自己的大圖上，只怕自己漏掉哪一個空間卻不去思考每個空間本身的特需性，並將其面積與規模轉化成可以理解的「質的描述」，這樣的解題方式在筆者看來是滑稽無俚頭的，像極了出圖機器人，這樣我們又如何被稱為專業技術人員＝建築師、政府官員呢？

阿里巴巴集團創辦人馬雲先生曾說過一句匪夷所思的話，他說：拼命工作的人最懶惰。這話貌似違背常理，但其實細思極恐。上面舉的機器人例子便是如此，考試本質上不只是畫畫圖上上色寫寫字就可過關了，更不是瘋狂地消化空間需求而放棄思考空間本質就可成就好的建築，因為那是瞎忙，無異於緣木求魚。

我的看法是，考試如同提出規劃設計能力、獨立思考能力以及前瞻視野的「證明題」，想好如何證明你自己不同於一般大眾以及不求思考的考生的方法了嗎？**這不是偽命題，這一點沒想清楚，就像是只顧著急忙拿著錢包衝進菜市場，但卻不明白今天要煮什麼菜色就去亂買食材而浪費錢（時間），同樣意思。**

4-5
整合性的設計思考模式

除了前述四點以外，在課堂中，筆者最喜歡舉的另一個例子即是
「打球」，常常問學生們，要如何成就一個適合打球的空間。我們
以網球為例，每當我請學生畫出適合發生「打網球」這個行為的
空間時，半數以上會畫出一個或幾個網球場平面（先不論通常尺
寸跟標線方式都是亂畫 XD），接著就停頓呆住了。在這半數中，
大約再有一半的人有想像到有周圍必須留設寬達數米的緩衝空
間，做為球員休息座位以及裁判跟球僮的位置，大概就打完收工。
大概只有 10％ 不到的學生，能夠由內而外地將周圍的觀眾休息
區、茶水補充或販賣機、廁所、更衣室、行李球具寄放室、
check-in 櫃台、大堂等候區、辦公室、出入口雨遮與下方的外
玄關、戶外階梯與無障礙通路、樹木景觀……一直到停車空間以
及你如何靠近這棟建築物的動線等「空間佈局」設定出來，而能
夠把這些通通都設想出來的能力，剛剛好是一位建築師的「本職
學能」，卻是每位學生幾乎都忽略的一環，就是「整合性的設計
思考模式」，也可以說是上一小節所提到的「package」的觀念。

最後再以 107 年敷地計畫題目為例，題目中有個很特別的空間需
求，即文創工作坊（共同工作室 300m²×2 間、個人工作室
40m²×5 間），可說是這一個題目中最本命的空間，因為是標題即
是都市中的文創園區。那麼，我們先說說一般 80％ 以上的考生會
怎麼設計這個工作坊：

1. 統計需求面積大小： 如 300×2=600m²、40×5=200 m²，共
800m²。

2. 量體分棟： 大多人會分成兩棟，很直覺地將 600 與 200 分成兩
棟，又或是上下層的配置。

3. 量體尺寸： 以 8 米為柱距，做量體大小的模擬，即 600=12×50m，200=8×25m 或 16×12.5m 等。

4. 擺放量體： 決定量體大小後，像是堆積木般在基地上尋找適合的位置，理由可能是自由心證或套用公式，少數考生會考慮量體與環境的關係。

5. 畫隔間、寫名稱： 擺完量體之後，通常就是把隔間牆、門窗、柱子畫出來，接著寫上空間名稱如某某工作室……結束。

大部分的考生大概進行上述 5 個步驟，就接著往下一個機能需求邁進，例如擺放辦公室或展示空間，一個機能接一個機能，如此循環下去，最終擺滿了所有食材。以上的步驟在本質上並沒有錯誤，錯誤的是：鬆了一口氣並且以為自己將需求都放到基地中，就是考場中呈現「設計能力」的方式，這是最危險的想法。

如果是筆者建議，請各位考生在進行上述的步驟之前，不妨先想想看，什麼是文創工作坊呢？ 如果各位有參與過這樣的創作活動，自然會很有感覺與畫面。如果沒有呢？沒有任何經驗的話，請試著以「使用者的角度」來思考，這個工作室是乘載什麼樣的「行為」發生的場所。

6. 創作： 創作者聚集在這裡，短期或長期租用這個空間，進行如木工、鐵工、金工、漆藝、雕刻、繪畫、塑膠成型、RP 快速成形、CNC 與雷射切割……等中小型的創作行為。大空間適合團體創作，小空間則適合個人創作。

7. 空間：空間本身必須容納上去的創作行為，因此空間的高度、寬度、自然採光方式、通風換氣率等等，都與一般空間有所不同，必須參考資料集成。

8. 設備：會容易產生污染的塑膠、具有揮發溶劑的塗料、木工的粉塵、鐵工的敲打與焊接、金工的高溫加工等，都是值得留意的汙染源，那麼建築設計就必須包含將這些汙染源妥善排除或是過濾的設施或空間。

9. 附屬空間：創作者需要休息上廁所、盥洗淋浴、睡午覺吃三餐，小組需要開會也須對公務機關進行例行的進度報告、外人會來參訪、甚至是會舉辦小學堂提供各界有興趣的大眾參與講座，運載塑膠、溶劑原料或大型鐵料木料的工務車需卸貨與搬運，同時也需要儲藏空間來暫放這些尚未使用到的材料……等。

10. 形式與價值：既然我們說建築是八大藝術之首，那麼空間量體本身的配置與造型，便必須呈現出某種「價值」，可能在立面上呈現，又或者是在屋頂上呈現，我想國內外有許多的美術學校，建築設計都相當優美且符合內部的使用，那麼我們就該參考他們的優點與缺點，並進行本案的設計。

以上先簡列第 6 ～ 10 點，這是筆者在解題之際，針對「文創工作室」本身所具有的基本認識與想像。我建議考生平日就須針對每種不同使用的空間去做出想像與資料蒐集，等心中的願景出現的時候，再開始進行 1 ～ 5 點。唯有如此各位考生才能做出具有「整合性思考」的設計提案，不管是建築設計或敷地設計都是如此，差別只在與「尺度」的拿捏與掌握，記得呦！第 1 ～ 5 點只是空間的骨骼，若要填入血肉，第 6 ～ 10 點才是靈魂之所在。

第四章結語

筆者常言道：與學科考試不同，術科考試並沒有絕對的標準答案，只有相對的較佳答案。正因為，術科考試本身是一項「提案」，只要這個提案合乎邏輯推演、符合時空背景、專業基礎穩固，那麼八九不離十就會是個「可行性高的方案」，而我們考生在考場中就是在追求這個可行性方案，而不是發包施工圖。因此，筆者鼓勵考生別把術科考試當成是一場「繪圖比賽」，因為繪圖每個人都會，只有美醜與快慢的差別。我們要把術科考試當成「解題遊戲」，一本初心，術科考試就是出題老師透過題目所列的各種資訊，期待考生作出相對應的回應，解答老師所提出的問題，並且有著自己的真知灼見。如能抱持著以上的「賽局（Game）思維」，積極加入出題老師所開出的對話群組而不是潛水觀望，那麼，成功之路必不遠矣。

第 五 章

巨人的肩膀

解讀案例的系統架構與脈絡

本書著重定位於術科考試觀念的建立，透過前幾章的說明，相信不論您是初入考場的新手或是百戰不殆的老將，都能對於進入考場前與進入考場後的準備工作都有更進一步的理解。也因此，當我們熟知了繪製的圖樣內容、繪圖工具的運用、如何讀取題目的奧義、進而分析出每個考題的關鍵要素、因勢利導成對於自己具有優勢的解題方向之後，開始進入了不同境界的解題過程。這就是筆者這套方法最優先要讓各位讀者事先建立的思維系統，也就是「賽局理論 Game Theory」的先決要件，在開出第一槍之前，仔細觀察敵方陣營現在的狀態並嘗試判斷接下來的走勢，才能準確預測與掌握自己所部屬的兵力、數量與屬性是否適合於這場戰鬥之中，也能藉此判斷這場戰役的勝算有多大……這樣的過程是不是很像我們在打電動玩遊戲呢？ 這就是 Game，而你就是 Game Player。

那麼在這場遊戲中，除非你有著承襲至上天諸神的混血基因，擁有過人不凡的體格天賦與超能力，才能初登場就大殺四方、技驚四座。而如果沒有金湯匙，你跟筆者一樣只是個麻瓜、未經世事、乳臭未乾的小夥子，那麼上戰場之前，我們必須苦心研讀那本傳說中的秘笈，追尋前人的軌跡並鑽研其中，以獲得未被人普遍熟知的心法，藉此彌補自己在血緣關係、基因優勢上的不足，讓靈光的頭腦與靈活的手指成為跨越及格障礙的助力。

天下建築案例何其多，如果每個都拿來苦讀，恐怕用盡餘生還是望塵莫及。我們必須破除一個坊間迷思「案例看越多，及格不用說（？）」。這是真的嗎？如果真是如此，我們只要狂讀名師作品集，一讀再讀就可以過關？其實，無用的案例看越多，只是讓它們不法佔據了你的人生與光陰，而有用的案例不需要多，只要幾個（數量因人而異）就夠。本章筆者嚴選了幾個對於「術科考試」有用的案例，即使都不是時下網紅建築師們的精彩作品，但對於考試，你該讀的是「具有系統架構、能夠看出脈絡、確實協助解題的案例」，有了這樣的認知，你自然能順藤摸瓜，找到適合你去讀的案例，並在考場中得以發揮，這才是我們需要的作法。

17 世紀英國科學家牛頓曾說過：「如果說我看得比別人遠，那是因為我站在巨人的肩膀上。」OK，那我們就來認識一下筆者心中的巨人群像，並也建議讀者找找看屬於「自己」的巨人群像在哪裡，就請他來當你的私人教練吧！

本章重點

5-1	群造型—代官山 Hillside Terrace— 槙文彥（Fumihiko Maki）的小宇宙
5-2	軸線與組構—Getty Center— 理查 · 邁爾（Richard Meier）的建築樂章
5-3	環境共生歷史共存—Hunter's Point Waterfront— 懷斯 / 曼弗雷迪（Weiss/Manfredi）的景觀建築
5-4	漫步敘事感—Serial Vision— 庫倫（Thomas Gordon Cullen）的壓縮與開放
5-5	都市與建築設計工具箱—城市的意象（The Image of the City）— 凱文 · 林區（Kevin Lynch）的百寶袋
5-6	設計思維的展現— 現代建築元素解剖書—建築之所以美的剖析

5-1
群造型──代官山 Hillside Terrace｜槇文彥（Fumihiko Maki）的小宇宙

首先介紹一個筆者認為準備考試必讀的設計經典，這個案子在日本建築西化發展的歷史上佔有不可磨滅的地位。雖然本書並非建築史論書，不過我們也簡單科普一下建築師與這個案子的創作背景，更多細節可請各位考生自行於網路上搜尋瀏覽，更鼓勵各位考生到各大學圖書館借閱或網路上訂購書籍，所獲得的醍醐灌頂更加純正不被稀釋。

日本第二位普立茲克獎得主

槇文彥（Fumihiko Maki）是 1928 年生的日本建築師，在東京大學建築系向建築巨擘丹下健三（Kenzo Tange）學習建築設計與理論，隨後到美國 Cranbrook 美術學院和哈佛大學深造，並留在華盛頓大學與哈佛大學任教，並開啟了美國建築師的執業生涯。在 1965 年回到日本成立自己的建築師事務所，設計了不少傑出的公共建築與私人建築，並在 1993 年獲得建築普立茲克獎桂冠（Pritzker Architecture Prize Laureate）。直到現今 2022 年，事務所仍持續營運著。這些是簡單的介紹，讓各位年輕的讀者初步認識這位已屆高齡的現代主義末代建築師。

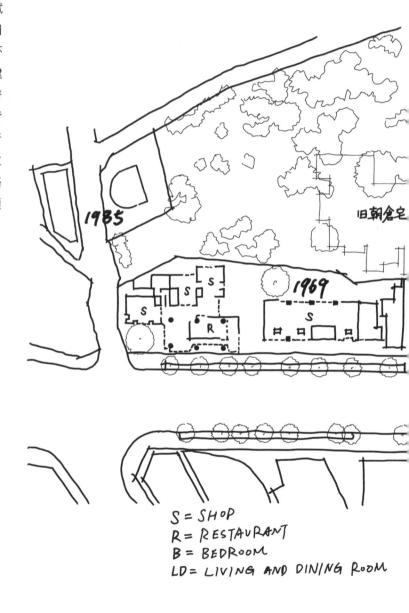

圖 1　代官山 Hillside Terrace 六期規劃區域圖

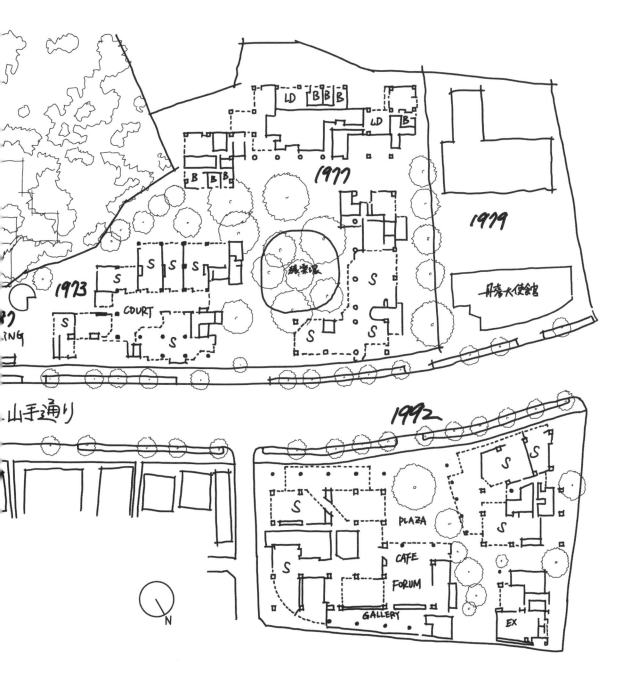

橫跨 25 年共 6 期的設計案

在槇文彥一生的多數精彩建築設計
中，其中有個專案令非常多來自於
西方的建築師或學者們前來考察體
驗，這就是位於東京代官山地區的
「Hillside Terrace」。此案並非為一
個單一建築體，而是複數的建築量
體組合而成，在日本建築圈被稱為
「白色幾何聖殿」，而也不是一般在
3 ～ 5 年規劃興建完畢的設計案，
而是自 1967 年開始委任第一期設
計直到 1992 年完成共六期的設計
階段與作品，貨真價實歷時 1 ／ 4
世紀的長期規劃案。在這樣的開發
內容當中，包含了種種不同機能，
如小型住宅、中型公寓住宅、辦公
空間、零售商店、表演場所、藝術
展廳、美術品、時裝、婚紗、牙醫、
美容……甚至是外交大使館等不同
使用特質的用途，除此之外，在建
築體之間還有大小不同尺度的開放
空間夾雜其中，與建築體共構成一
處具有「群造型 Group Form」特
徵的都市空間與建築群體。

案例背景與設計說明

「群造型 Group Form」是個什麼概念呢？ 其實不難理解，請各位回想一下小的時候回到鄉下的外婆家或是老家，可能是一棟斜瓦紅磚的閩式建築，家家戶戶有個合院，又或者是樓層數 2～3 樓的早期加強磚造建築，外觀貼有某些小口磚與豎向的砌磚雨遮，然而在周遭社區當中都是類似或同樣特徵的鄉村建築，彼此之間尺寸上有大有小，而這街坊鄰居的每一棟建築彼此構成這個社區，進而完整了整個環境。同時呢，也因為這裡可能是沿海的漁村或是平原丘陵中的農村，各自有不同的經濟行為或氣候條件，造就了不同風貌的城鄉風貌，而這些**讓我們可以辨認出來的「視覺特質」以及「空間特質」，就是筆者用最簡單的方式來說明群造型的概念。**

回到 Hillside Terrace，在 1965 年時擁有代官山地區大批土地的地主朝倉家，在戰後經濟蓬發的動力下，在澀谷區與目黑區的交界處亟欲開發屬於舊山手線的帶狀地塊，而朝倉家的大宅院就毗連這塊基地，現今已整修開放為博物館。而談到東京，尤其是泡沫經濟 90～00 年代，因為熱錢四竄以及土地價格飆漲，四處興建以供應市場需求的各種建築猶如大亂鬥，較少有「都市設計」的觀念，這才造成當時候的東京市容非常混亂且破碎。然而，朝倉家與槇文彥在這一連串混亂樣貌發生之前的 25 年前，就有著新的觀念──**「如何在分期的規劃下，讓這一個帶狀的建築設計案，提升至都市設計的層級」**，讓新舊不同建築物的開發之間延續著某一條血脈，這就像是同一家族的誕生，從阿公阿嬤到老爸老媽到兄弟姐妹到孫子輩都帶有同樣的血緣關係，在空間組構型態或外觀樣貌上有著相似的軌跡，像是一群家人在這塊基地上聚會談笑的樣貌，這一「群」家人，差異只存在於不同時期所適用的不同工程技術與材料版式。

在這個案子首先是 1967 設計至
1969 年興建完成的第一期，兩棟
白色且低矮的白色量體建築物，頗
有源自於柯比意（Le Corbusier,
1887~1965）的現代建築語彙。順
應著基地原有的坡地地形，槙文彥
讓地表樣貌延續進入建築之中，形
成高低尺度不同變化的空間感受；
而第二期在 1973 年完成，是一個
中央包夾著內院廣場的口字型建築
物，反對稱配置的開口讓行人可以
斜向穿梭於建築體的內外，具有傳
統日式的空間架構「斜前行」；第
三期於 1978 年完成，在第二期的
外部與其共同形成一個更大的整
體，由內轉為外，圍塑出屬於都市
的外部合院空間，同時也形成了一
個新的口袋廣場。值得一提的是這
個合院中央偏心處，留存著猿樂塚
（西元 6～7 世紀的古墳遺構），現
代住宅與前人的墳墓共存，發思古
之幽情（這在台灣應該無法發生，
避之唯恐不及）；與此同時，丹麥
駐日本大使館也在第三期的另一側
展開設計與興建，唯一一棟非灰白
色系的建築，外觀貼著淺陶土色的
磁磚以及曲線型立面，順應著道路
邊界轉折，往目黑區方向前去。

第四期於 1985 年完成，為獨立的一個區塊，在第一期的路口轉角往內延伸至巷子中，形成兩個型態各異的小型建築別館，畫龍點睛定義了基地的另一個端點；第五期於 1987 年完成，位置在於第一期與第二期之間，地面上是一個小型的停車場，以及塑造了此區域的入口廣場，而地面下則是一個中型的表演空間，以藝文空間與全區的入口意象完整了前五期的開發，在馬路的這一側形塑出高低錯落而型態各異卻又異中求同、同中求異的群造型，至此已經歷經了20 年；接續著在道路的對向，一處更大更深的地塊產生了第六期的規劃。於 1992 年興建完成，是一個更大型的複合式建築體，樓層數、量體規模都來到高峰，但是**依然保持著都市設計的精神，在限定了沿街立面高度之後逐層退縮，使得街道兩邊有著一致高度視覺比例**，然而時代與科技的演進也產生更多材質可供利用，即使採用了更多的鋼材與玻璃，然而整體量體特徵依舊順應著「群」而生，就像是進行了世代交接一般，**彷彿在孫子身上看到了阿公的身影。**隔年，槙文彥即以此案獲得 1993 年建築普立茲克獎桂冠；隨後，零星仍有單點式的設計進行，例如 1998 年完成的 Hillside West 等。

以上概約地向各位讀者介紹代官山 Hillside Terrace，槙文彥的小宇宙在此爆發，此中更多回應日本傳統的建築設計、空間動線與視覺細節上的巧思，族繁不及備載，請各位讀者不妨花多一點時間找尋資料研讀，更能了解空間手法之於建築術科考試的運用。筆者簡單歸納下列幾點，讓各位考生複習時可以快速掌握。

A. 以「群」為概念的都市與建築設計

B. 新舊建築間的量體對話關係

C. 世代交替與材料運用

D. 虛空間的實質圍塑與視覺串聯

E. 出入口與坡地拓樸學（topology）

在考古題中，此案例可以運用的守備範圍非常的廣大，不管建築設計或是敷地計畫，幾乎每一題都可以導入的觀念與手法，例如只要基地上或周遭有既有的都市紋理例如老街、歷史建物、新興都市風貌等議題，都可以嘗試運用。而在更大規模的設計範圍中，例如某個地塊中需要設置多種不同用途的機能量體，彼此共構成一個都市環境，也可將其設計強調如同本案例的虛實量體、材料應用、高度表情地制定等，將更有「都市設計」思維。而考試中也常常出現的坡地類型題目，更是本案例的基地型態。因此，本案代官山 Hillside Terrace 就是筆者所謂「適合準備考試所研讀的案例」，在單一個設計案例中得以研讀多種議題，就像出奇蛋「多種願望一次滿足」，期待各位考生一起用心體會了。

5-2 軸線與組構——
Getty Center | 理查・邁爾（Richard Meier）的建築樂章

位於洛杉磯 L.A. 的 Getty Center
園區，是在西方建築教育體系中常
列舉的另一個整體規劃經典案例。
美國石油大亨保羅・蓋提所成立
的藝術基金會收藏大量的中世紀藝
術、現代藝術、繪畫、雕塑等作品，
成為藝術學術領域一項重要的指標
機構。在基金會所擁有的廣大土地
上，設置不僅美術館等展覽機能，
更包含藝術保存相關技術的研究中
心、辦公室、住宿空間的複合式的
建築群體，並有獨立的聯外交通運
輸系統，與洛杉磯市區連結，在
1997 年正式開館，至今每年仍吸
引無數藝術家、鑑賞家及大眾市民
親炙前往，造訪這群在山丘上的建
築物，俯瞰市區街景。

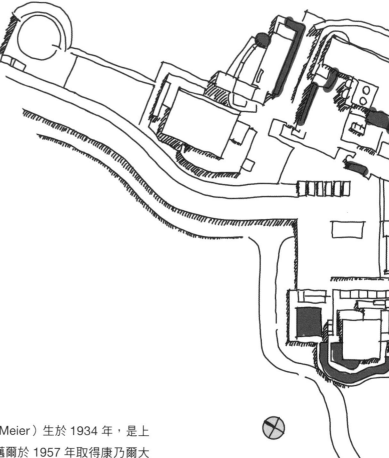

理性思考空間邏輯

本案建築師為理查・邁爾（Richard Meier）生於 1934 年，是上
個世紀美國抽象藝術的建築師代表。邁爾於 1957 年取得康乃爾大
學建築學士學位，畢業後到歐洲及美國各地旅行，旅行過程深受柯
比意、密斯（Mies, 1886~1969）、萊特（F. L. Wright, 1867~1959）
等建築感動，回國後於 1963 年開業。以方法論與空間邏輯為導向，
擅長運用幾何量體與大量白色材質於建築設計中，具有「理性思考」
的現代主義思考精神，在 1984 年獲頒建築普立茲克獎後，於世界
各地設計著不同規模的公共及私人建築，屬於極多產的建築師類型，
近年在台灣的房地產中也看得到邁爾的作品身影。

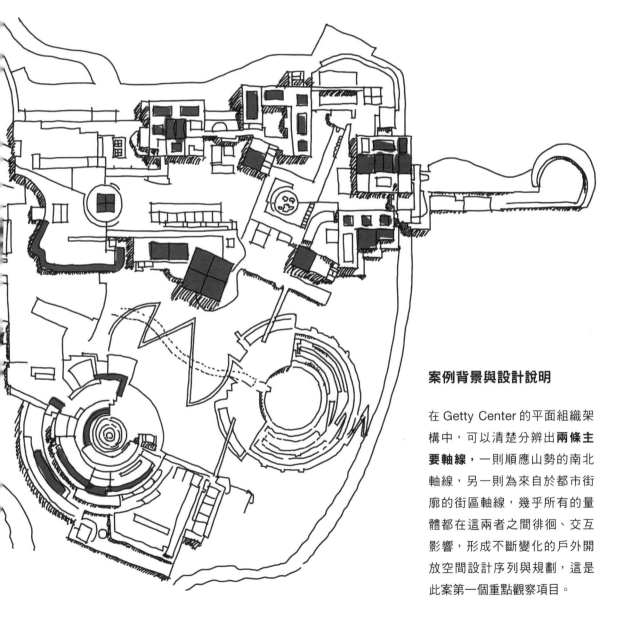

案例背景與設計說明

在 Getty Center 的平面組織架構中，可以清楚分辨出**兩條主要軸線，**一則順應山勢的南北軸線，另一則為來自於都市街廓的街區軸線，幾乎所有的量體都在這兩者之間徘徊、交互影響，形成不斷變化的戶外開放空間設計序列與規劃，這是此案第一個重點觀察項目。

圖 2　Getty Center 園區規劃區域圖

再者，順應兩條軸線夾角而生的空間設計，搭配諸多幾何形、弧形、不規則形的量體造型或是半戶外空間，讓在坡地上的建築空間感有著明顯的分段感受，**局部是被不同高低、進退與透明度的建築物立面所包圍，局部是透空或半透空的門廊、出挑或退縮空間，空間的趣味性極為立體且鮮明**，這些空間處理手法是考生可以仔細研究的第二個重點。

還有，建築群體之間的材料選擇有個「同一家族」的明顯特徵，立面上白色的琺瑯版、白色的鋼構鐵件、米白色系的石材、清透的玻璃帷幕以及少量的其他色系，在藍天、白雲及目不暇給的綠映景觀之間，具有強烈的**「都市設計意象（urban design image）」，非常適合準備敷地規劃（小設計）此科的考生再三研讀。**

最後，是內部的建築空間設計手法，有空橋、有迴廊、有挑空、有天井等，不誇張地，可說是當代建築、量體等設計手法之集大成，請各位準備建築設計（大設計）的考生們，當作「量體手法設計聖經」來仔細探討學習。

研究透視與剖面切入設計精隨

除了此案例值得考生參考，理查‧邁爾還有許多優秀的建築作品例如在美國亞特蘭大的 High Museum、在德國烏爾姆的 Stadthaus、在西班牙巴塞隆納的現代美術館等，包含各類的公共設施、辦公大樓、集合住宅及獨棟經典住宅作品等，都很值得各位考生當作考試教材來致敬學習。筆者也建議，先從透視與剖面來切入邁爾的作品，才能領略這位建築大師在立體空間上投注一生的時間精煉而出的創造力。

在台灣也有不少建築師前輩（現今約莫 60 ～ 80 歲這一代）受理查‧邁爾的深入影響，如果我們仔細看看在北、中、南各大校園新建築運動中的先驅作品，都能夠親自領會建築實虛量體的抽拉推擠在陽光下盡情展項的多采樣貌。**筆者建議考生能夠安排島內的校園建築之旅，不論台大、北藝大、實踐、中原、東海、成大、南藝大……等都是值得專訪的好去處。**

5-3 環境共生歷史共存——
Hunter's Point Waterfront｜懷斯／曼弗雷迪（Weiss/Manfredi）的景觀建築

懷斯／曼弗雷迪（Weiss/Manfredi）是一家位於美國紐約的事務所，其設計業務範圍不僅專注在建築體本身，更多的是結合景觀、基礎設施和藝術的多元複合式整合專案，至今仍滿滿能量地進行設計創作，其著名作品包括依瑟佳地球博物館（Museum of the Earth in Ithaca）、西雅圖美術館奧林匹克公園（Seattle Art Museum's Olympic Sculpture Park）、紐約布魯克林生態公園遊客中心（Brooklyn Botanic Garden Visitor Center）等，這家事務所的案子特別適合準備考試的我們找來研讀，都是將眼光放大到整體地景、自然環境、人文景觀、都市景觀的整合式設計作品，筆者從這些作品中收穫良多，在考場中得到充分可多重運用的設計資源與靈感。

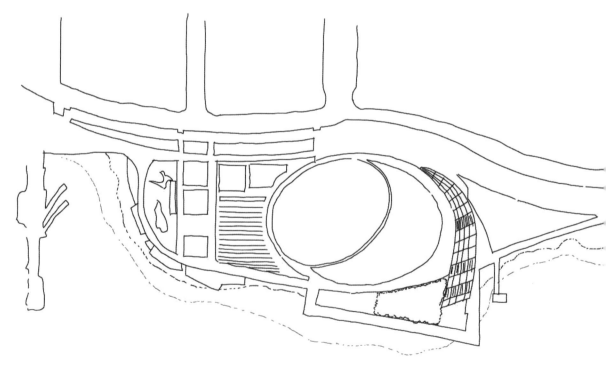

圖 3 Hunter's Point South Park 區域圖

其中最讓我印象深刻的作品，就是他們在紐約的 Hunter's Point
South Park，隔著東河（East River）與曼哈頓島遙遙相望，不論
白天或夜景都美不勝收。這是一處河濱的水岸公園，帶狀開放空間
連續地隨著河岸地形而散佈著，包含入口玄關、狗狗跑跑、鐵道花
園、遊樂園、多工草坪、水岸露臺、公園建築（Park-itecture）、
海灘、生態半島、碼頭遺跡、濕地、據點眺望台（The Point）、草
坪海角、大人運動區、獨木舟出發站……等，是紐約市一處著名的
休閒活動、體育競賽、觀光導覽的名場景。也由於在水岸邊，潮汐
漲退的變化也是設計內容的一部分，因此有些區域與機能只有在某
個季節才獨有，更顯這個場所的特殊性。太多設計細節建議各位讀

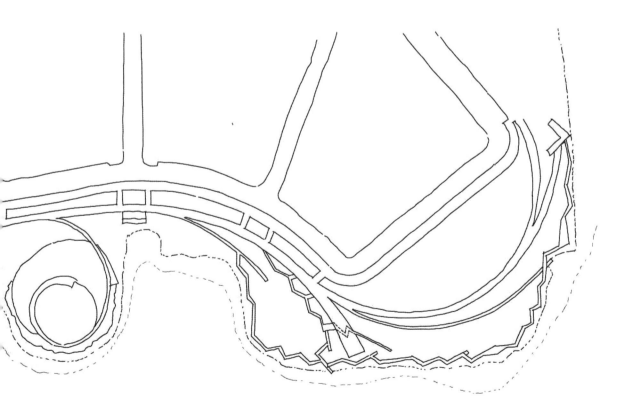

者上網搜尋或找資料來看，以下就簡介此案可引用發揮的重點。

案例背景與設計說明

Hunter's Point 這個案子是一個具有嶄新觀念且具有整合環境企圖的設計，地處三面環河的舊工業遺跡，在必須碰觸到公園、街景、基礎建設等設計議題時，尤其在基地與、東河與曼哈頓之間，本案試圖利用**地景編織**的手法，將建築、新舊景觀、水岸基礎建設之間原本存在的界線模糊化。在過去數百年的歷史中，這個地塊就是一連串的濕地並夾雜著航運、碼頭、鐵道運輸、工廠等地景，而以現在的視角，對比於對岸是世界上最繁華的都市天際線（Manhattan Skyline），過去所留存下來的這些符號，成為了都市發展過程中的矛盾點。這個設計案**擁抱了這些符號的多樣性**，並提出將北端與南端連接起來的生態設計方案，形成與河岸平行並置的帶狀生態走廊，提供往南北延伸並呼應不同都市機能與生活需求的整合系統。**原本既存於此的水泥護岸消波塊，逐漸被多孔隙環境的植物沼澤所取代，形成一個柔軟且具以適應性的邊界。**而此邊界因為夾在或彎或直的水岸與都市的地塊之間，寬

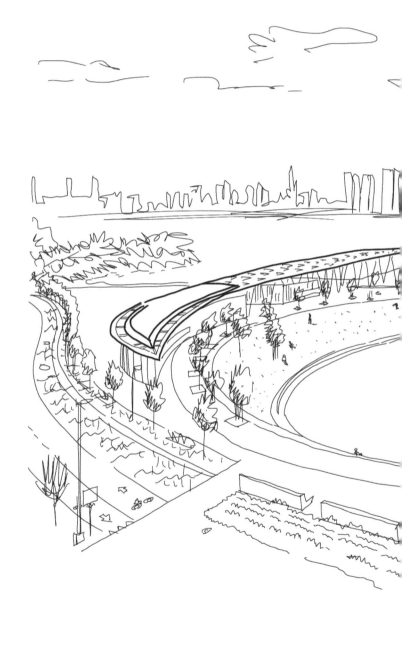

幅隨著地形而有了多變的空間尺度，有機會容納不同行為尺度的活動發生，這也展現了空間、人類與生物之間有著**有機仿生(Organical Bionic)** 的設計邏輯。

從構造物的觀點上來看，有一個近似卵形的綠地形成整個設計案中最開放的區域，並提供了多角度的視野去欣賞曼哈頓的天際線。這塊綠地同時也錨定了北側的起始點，並且隨著拋物線方向拔地而起的一座折板雨庇建築體，屋頂結合太陽能光電裝置可發電，綠色能源也作為水岸遊輪停靠站、賣場及公園燈光使用。另外還有結合人行步道、跑步道、自行車道、高低休憩平台、街道家具與燈具、花園植栽、水文景觀、鐵道及碼頭遺跡等設計元素，將公園、自然與建築做出整合性的設計策略與成果，這的確是都市更新的一個模範案例。

不管是這個案例或是此事務所的其他案例，都非常適合在都市中或近郊，需要考生整合都市人口與公眾運輸、自然景觀或歷史遺跡、公園綠地與建築物……等設計題目，而這樣的題目類型，在歷年來的考古題中、佔了十之八九。又換句話說，不管題目要你設計的是政府機關、圖書館、運動中心、住宅大樓、長照中心、老街再造、小學加一……，這些包山包海的考題也全都是要考驗考生整合各種環境資源的能力，更重要的換句話說，這個能力就是當代建築師的核心能力。正因，過去數十年來在台灣的高等教育所培養出來的建築師們，因為缺乏都市設計或整合環境觀念或業務機會，才讓「台灣最美的景觀，竟只剩下人」。

如果在 2022 年的考生們，仔細想想近年來在台灣所設計出的諸多優秀建築設計作品，哪一個不是優先整合環境與建築呢？稍微回想一下您最近在新竹、嘉義、台南、屏東等縣市所看過的公共設施與公園設計案中，我想各位考生就能體會出新世代的建築師所必須具備的公共性與核心技能。筆者建議各位考生拋下數十年來的沉痾，擁抱全新的設計邏輯，即**「建築＝人與環境共存」**。

5-4
漫步敘事感—Serial Vision｜庫倫（Thomas Gordon Cullen）的壓縮與開放

庫倫生於 1914 年，是英國建築師及都市設計師，他提出了有關於環境心理學的城市視覺分析及設計理論方法，不同於過往僅針對建築理論發展本身做出討論，庫倫進一步探討對視覺感官上的刺激，將大幅影響人類對於空間及時間的感知。1961 年出版的《The Concise Townscape》一書，Townscape 一詞即為對於構成都市環境且看似雜亂無章的建築與街道，做出視覺與空間上的分析與媒合，找出形態上的秩序做為參考點，藉此跳脫對於都市環境表象的觀察，而更深入於空間特質（spatial characteristics）的思考。

庫倫有很多值得各位考生參考的觀念與想法，其中最讓筆者感到受用無窮的是名為「Serial Vision」的理論與範例。庫倫虛構的一個類似於歐洲古城的地圖，並設定出幾個出入口、過道、尖塔、廣場、教堂、拱廊與自然景觀等不同元素，共同存在於這個平面上。同時，庫倫也在每個視覺的節點上，繪製出該各個節點所看到的不同透視圖，就樣是漫畫分鏡圖一樣，一步一步讓讀者了解到**原來一個豐富生動的都市感官經驗，是建立在游移路徑中所感受到的空間縮放、尺度變換、視覺焦點遠近、建築物立面與廣場尺寸的關係……等等。**以下翻譯庫倫在 Serial Vision 中所寫的文字說明：

"案例：視覺序列
在這個平面中，以平均的步調從一端走向另一端，就如同透視圖（由左往右閱讀）所示，將可以感受到一個序列式的空間關聯性。在平面上的每一個箭頭代表著一張透視圖視角。在和緩的移動過程中，將有一系列的突然對比，等同是視覺感受上的衝擊（就像在教堂中，用手肘將隔壁快睡著的朋友叫醒一般），將這個平面栩栩如生地展示在眼前。我所繪製的透視圖並不關係到空間本身，我選擇它僅是因為它帶有單純的啟發性。請注意，在平面對齊上的細微軸移，以及在透視投影上相當小的變化或平面上的退縮，都將擁有不成比例且強大的三度空間效果。"

以下是筆者的圖說：

第一張透視圖中，可以看到觀者站在一處廣場上，左前方有一棵大樹，而樹後有一整面寬闊且高大的城牆以防衛感極強的姿態佇立著，在牆上緣可以看到零星幾個的窗台與陰影，城牆的中央有著一個開口通道，在陰影的內部透露著背後的發亮的景觀，彷彿若有光，引導著我們前進。

圖 4 Serial Vision 圖示 1

第二張圖中，我們走到了洞口通道的內部，走進了才發現這道城牆
有多厚，伸手不見五指，幽閉感油然而生，幸好隨著步行往前，遠
處的光亮與景象逐漸清晰，可以看見一道微斜的建築立面並在立面
結束之後有瘦高的紀念碑八地而起，令人想要趕快走出這具有壓迫
感的黑暗。

圖 5 Serial Vision 圖示 2

第三張圖中，我們已經走到了那座尖碑的前方，原來上一張圖中佔
不到 1/5 比例的基座，擺在眼前是一個樓層高的量體，基座上的
浮雕與繪飾清晰可見，在陽光下栩栩如生地述說著某一個寓言，
隱約在基座的後方可以看見不遠處的廣場立面以及更後方的高塔
輪廓線。

圖 6 Serial Vision 圖示 3

第四張圖中，掠過了尖碑之後，在兩道建築立面所形成的缺口中，
我們看見不遠處的地標天際線，看起來像是塔樓，想必是市政廳或
是主教堂的鐘塔，同樣吸引著我們一探究竟。

圖 7 Serial Vision 圖示 4

第五張圖中，我們已經來到這座重要建築物前的偌大廣場上，偏移著一個角度讓我們得看到這座建築物的高度與深度的比例，而且更清楚地觀察到雙塔的正立面，兩座塔之間有著造型上的差異，我們站在廣場建築物所投射出的陰影中細細品嘗這道風景，而教堂背後有另一道立面作為背景，遠處左下角有一道小拱門，我們朝著走去。

圖 8 Serial Vision 圖示 5

第六張圖中，我們來到這座拱門前方，這個感受與第一張圖頗有雷
同，差別在於地形、高度、光線狀態的不同，有種來到後院的隱密
感受。

圖 9 Serial Vision 圖示 6

第七張圖中，同樣地我們即將穿越這道厚實的城牆，也由於是第二次的過渡，此次我們更有一種轉換領域的感受，即將從一個內部走向下一個內部。在漆黑的環境之外，前景樹立著高達三層樓的弧形建築，連續不斷的拱門立面圍塑著一個內聚型的內部空間，我們一進又一進的長驅直入，從中央最大的拱門中走出。

圖 10 Serial Vision 圖示 7

第八張圖中，豁然開朗，原來我們已經來到了人造範圍的終了，這裡是一處觀景台得以遠眺遠方壯闊的連綿山巒，自然界的一切從這裡開始，而我們在此靜心欣賞天上的雲彩與樹陣隨風搖曳，伴隨著陣陣鳥語花香，沉澱之後我們踏上歸程。

圖 11 Serial Vision 圖示 8

說明到這裡，各位考生一定都能發現這一張又一張的分鏡圖解，帶著我們以及具有**「畫面感」**的方式體驗了庫倫所設定的虛擬空間，這就像是在製作遊戲場景的環境設計師們（也被稱為 Architect）將腦海中的想像以 3D 的方式繪製出來，這跟建築師的工作是不是很相似呢？ 沒錯，而這些精采的透視圖是一張張來自於同樣虛擬的平面圖中。試問，如果只讓各位考生看這張平面圖，你能想像出這些透視圖嗎？ 我覺得機會微乎其微，而這也正是空間的魔力。這啟發了我們一件事：**設計不只存在於平面的組織架構之中，尤其對於一般大眾而言，設計在於視覺體驗。而再試問，我們身為建築師所設計出的空間，使用者是誰呢？ 答案不消多說，一般大眾佔了 9 成以上，因此每個設計者心中所掌握的敘事工具，應以「視覺體驗」為主。**

學習在圖面用空間說話

重點來囉，術科考試中，我們必須改變一個對於考試而言不太好的
習慣，什麼習慣呢？就是「拿到考題之後，不管三七二十一，先畫
平面再說，因為它佔據版面最大，其他透視、剖面、立面、設計說
明……等，再說啦～～」。我相信十之八九的考生會是這樣操作，
你會發現自己因為機能需求而設計出的平面，空間感可能是貧乏的，
因為只運用到 2D 的思考能力，卻忘了自己來應考的專技科目不是
平面設計師，而是**建築師，一份用空間說話的職業**。

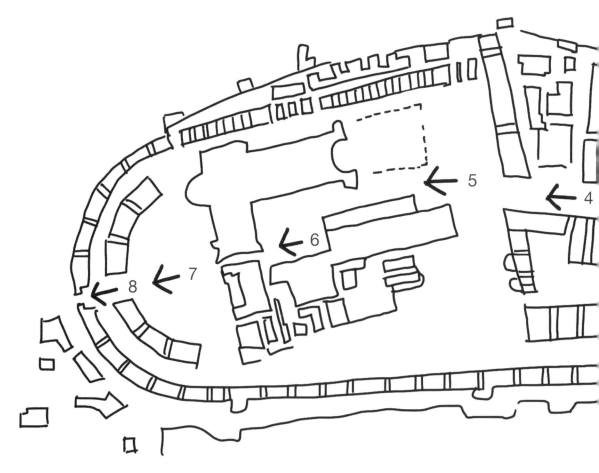

圖 12 Serial Vision 圖示平面

這一案例可以運用在考試的方方面面，不管是設計思考的邏輯推演順序、大圖版面的布局、透視圖的畫法、平面圖上的尺度壓縮與開放、手繪能力的展現、畫面感……等，都是每一份考題都用得上的硬底子功夫。可以放棄坊間補習班的傳統觀念「平面能過，考試就過」囉，在 2022 年的此時此刻，時代已經與 20 年前有著大大的不同，拜科技所示我們每天都在看「影片與畫面」學習各種知識了不是嘛？ 因此，**動畫感（或說漫步敘事感）才是王道。**

請各位考生試試看，將自己的大圖看成一本漫畫吧，設計立馬令人秒懂！

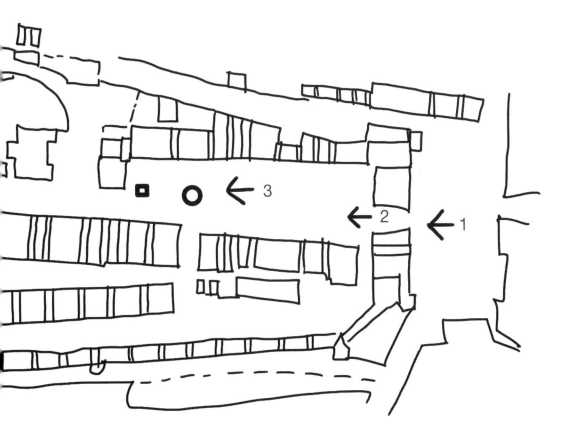

5-5 都市與建築設計工具箱──
城市的意象（The Image of the City）|凱文・林區（Kevin Lynch）的百寶袋

凱文・林區（Kevin Lynch）生於 1918 年，是美國著名的都市計畫師，其年少輕狂的求學經歷也常為大眾津津樂道。自小生長於優渥家庭，長大後就讀於善於打造建築菁英的耶魯大學建築系，然而就讀一年後覺得大學顯得無趣，便輟學而前往美國建築大師萊特（Frank L. Wright）於 1930 年代所設立的私人建築學校 Taliesin 成為學徒。沒想到加入沒多久又覺得對於建築提不起勁，選擇離開並到名校壬色列理工學院（Rensselaer Polytechnic Institute）念了工程學，最後又輟學並到建築師事務所打工。二戰爆發他就受徵召入伍去了，戰後林區再度回到了校園就讀都市計畫系，而且依舊是名校麻省理工學院（MIT），這次總算拿到了學位，而且長年任教於此並成為享譽學術界的都市設計學家，並於 1960 年發表了這本影響全世界甚深甚遠的都市設計理論鉅作《城市的意象》（The Image of the City）。

五個組成城市意象的內容

這本書主要被分為五章，第一章開頭試圖定義環境的意象並做為分析城市形態理論的基礎，第二章以美國三個快速發展的城市（波士頓、澤西和洛杉磯）作為研究對象，第三章，則從前項研究中擷取出構成城市的意象及元素，第四章與第五章則是利用意象與元素進行城市設計的試探，討論城市型態與尺度。這本書篇幅不算大，其中第三、四章最為重要，可建議考生反覆閱讀這兩章，有餘力當然整本秘笈都可以吸收入腹是最好。

任何一個城市都有一個大眾意象（image），這是由許多個人意象所交疊而成，而這個大眾意象是由某一部分居民所共享，端看從什麼樣角度去理解，這就是簡單的城市意象（The Image of City）的定義。我們在此無法長篇大論讀書心得，只能簡約擷取書中大意。

城市意象其組成內容可以簡單地被分成五類：

1. 通道（Path）

通道是居民會沿著移動的途徑，可以是車道、人行道、大眾運輸、運河、鐵道等。對許多人來說，這些通道是意象裡的主要元素。人們透過在通道中的移動來觀察城市，也透過通道來閱讀其他元素之間的關聯性。

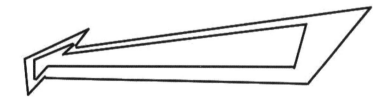

2. 邊界（Edge）

邊界是線性元素但並非通道，指的是兩個部分的分界、連續的線性中斷處，像是海岸線、鐵路隧道、開發用地的邊界圍牆等，是一種側向的參照而非座標軸。邊界可以將一區與另一區隔開來，但也可以是接縫，邊界旁的兩個區域彼此相關且相連在一起。

3. 區域（District）

區域是城市裡中的面積區域，是平面上的延伸範圍，居民會有「進到裡面」的感覺，區域內部有可供辨識的共同特徵，若從外部可以觀察辨認，更加強其成為區域的意象。大多數居民會用區域來組織自己的領域感，進而與城市中的其他區域形成差異，形成一些清晰或模糊的邊界。

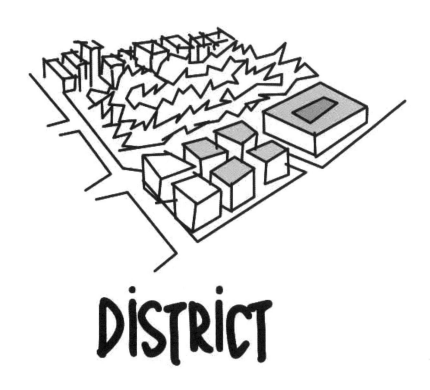

DISTRICT

4. 節點（Node）

節點是觀察者可以進出城市、來往移動的重要焦點。節點主要是連結不同交通運輸系統的轉換點，也可能是不同通道匯聚之處，節點也可以只是一個代表，作為某種用途或特徵的代表，例如一個街角或廣場。節點也跟區域的核心概念有關，成為該區域最主要的特徵。

5. 地標（Landmark）

地標是另一種的參考點，通常是相當清晰可辨認的物體，像是建築
物、大型標誌、街角商店、自然景觀等，作為可供四面八方利用的
參考點。地標的實際功用是指引一個特定的方向，例如高塔、圓頂、
高山。地標經常被用來辨識和了解城市結構的線索，而且當對某路
程越來越熟悉，對這些地標的依賴就越深。

不同的觀察者閱讀觀看城市的情境不同，對實體環境產生的意象可能就有所不同，例如高速公路對用路人來說是通道，但對公路底下的省道鄉道縣道的用路人來說則是邊界。也通常必須考量到尺度，以小型城市來看，它的中心區可能是一個區域，但若以整個大都會來看，這個區域就變成一個節點。**在真實世界中，這些元素類型並非單獨存在。**

為了方便記憶，筆者將這五個工具的英文首字母進行縮寫並重組成一個實際不存在但可以朗朗上口的英文單字 **P.L.E.N.D.**。對於術科考試而言，林區的這個意象工具曾經幾次在敷地計畫的考題中出現，而對於大尺度的基地類型，在設計解題上也適用，例如一個研究園區、共好社區或飯店外部休閒設施的規劃題型，而中小型基地也適用，例如基地旁邊有公園、水岸、綠帶的考題可謂多不勝數，考生便可利用此工具將你想置入的設計元素做出更好的定位，正因為區域（District）由節點（Node）組織而成，由邊界（Edge）劃分，其間有通道（Path）穿越，其中散布著地標（Landmark）。各種元素彼此交疊穿插，共同構成了城市的意象。

好好善加利用林區大神的都市設計元素，可以讓鮮少接觸都市設計的建築系畢業生們至少能稍微掌握這項規劃工具的定義，並在各種考題中都能嘗試應用看看，讓你設計閱讀起來更加有「層級 hierarchy」的系統，效果很好的。

5-6
設計思維的展現——現代建築元素解剖書｜建築之所以美的剖析

上述幾個案例與書籍都是筆者沉潛多年並用於考試實戰中斬獲建築師與公務人員資格，可謂最實用的武器調色盤，同時也在筆者所教授的課程中，列為學生必讀且一讀再讀的經典。但各位讀者有沒有發現，我基本上不介紹坊間考試書籍或補習班最愛教授所謂量體操作、建築物外觀造型、室內動線檢討甚至表現法的資訊。一來，筆者認為那是各位在求學階段最常操作的設計方式，想考上建築師當然必須有一定程度的基本功力，也不須多費唇舌如同從大一開始手把手教授的設計基礎課程開始，那不如一起重讀一次大學上課就好。另外一方面，每個人都應該有屬於自己的一套量體操作或外觀造型的設計語彙，不應該如同用一套單一方式 SOP 讓各位齊頭式地去輸出量體造型，那該有多無趣啊，而且如果用這種方法讓每個考生都成為了建築師，我們的建築行業還有良藥可醫嗎？

但是，「臨摹 imitation」是重要的起手式，筆者極度推薦各位考生選取 2～3 位自己偏心鍾愛的建築師作品，進行大量的描圖與案例分析，可以參考國內公共建設的幾家著名事務所作品，O元聯合建築師事務所、境O聯合建築師事務所、九O聯合建築師事務所、立O合建築師事務所等都是國內大腕，值得細研。如此久而久之熟能生巧，這沒有祕訣的，只要練！練！練！就行了。

手繪說明設計概念

如果國內的事務所作品已無法讓各位考生滿足或已經抄寫到滾瓜爛熟了，筆者推薦《現代建築元素解剖書：手繪拆解建築設計之美與結構巧思，深度臥遊觸發靈思》是這本書中譯版的全名，書中收集國外眾多經典案例，由多位作者共同以手繪圖說的方式繪製了大量的設計概念、空間構成、細部關係等分析，可謂醍醐灌頂。簡明扼要的文字說明則能夠引導我們更進一步理解設計原意，在考場中適度利用這些設計原則，推演進化出屬於你自己的建築設計手法。這樣的書籍非常適合平常最愛用電腦瞎逛各大建築設計網站的 XYZ世代，資訊爆炸的現在，那些美麗的案例對於你們來說只是 eye candy，看過就忘了。在考場中就算你能想到某個案例的設計，要當場立即用手繪的方式描繪出來，可以試試看，對你而言是不是一項艱難的任務。

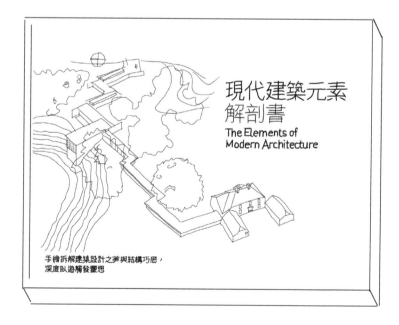

圖13 《現代建築元素解剖書》麥浩斯漂亮家居出版

筆者最愛抽考學生的便是：「來！請大家在 5 分鐘內把柯比意（Le Corbusier）的薩伏瓦別墅（Villa Savoye）各層平面、剖面關係、透視圖畫出來。」你會看見，每個學生面有難色遲遲不能下筆，甚至口中喃喃自語然後畫出了一個全世界沒人看過的平面圖。這並不誇張，每位念建築系的學生必定知道的經典案例，相關圖說與照片可能看了不下百次，理應倒著畫也能畫出來，但是事實是如此嗎？筆者建議各位考生試試看，試過就知道我的意思了。這個大家最熟知的案子，很可能從你的手中會昇華成一個未曾想像過的作品。如果你覺得這只不是一塊小蛋糕，那麼試試看萊特的落水山莊（Fallingwater）吧，一樣是人盡皆知的經典名作！

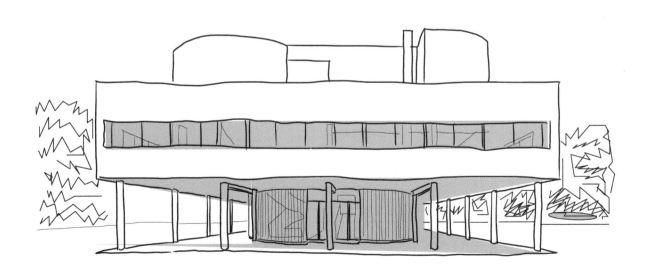

圖 14　柯比意（Le Corbusier）的薩伏瓦別墅（Villa Savoye）

第五章結語

筆者在認真準備考試之前，總是喜歡外型耍酷耍炫或空間感爆棚的設計，也難怪一直考不及格啊，因為考試並不只有考這些視覺上的操作能力，更要求考生具有認識環境與解讀環境的能力。本章所列的幾個案例都是筆者在 101 ～ 103 年準備術科考試期間「才」認識的優秀作品，請各位讀者不妨花多一點時間找尋資料細讀，也作為拋磚引玉，希望考生能依照這個邏輯去找出更多適合「你」準備考試所解讀的案例。當然，也不能只是讀過看過而已，我都建議我的學生們請一定要「描圖」，不論是平面、剖面及透視缺一不可，最好都能老老實實地描繪過一次，讓手眼並用的這個練習過程加深記憶，重複地描圖有助於我們在腦海中留下深刻的印象，在考場中的印象也才能歷久彌新，加速解題的反應力。另一方面，也鍛鍊自己以手繪為主的製圖能力，尤其對於現今日常學習與工作都是以電腦軟體為主的你，對於術科考試而言，手一廢等於一切都免談了。或許等哪天建築師或公務人員高考都改為電腦繪圖的時候，那麼我們再來配配看什麼等級的 CPU、顯示卡、滑鼠鍵盤、軟體等，最適合講求公平優先的考試（笑）。

表現法

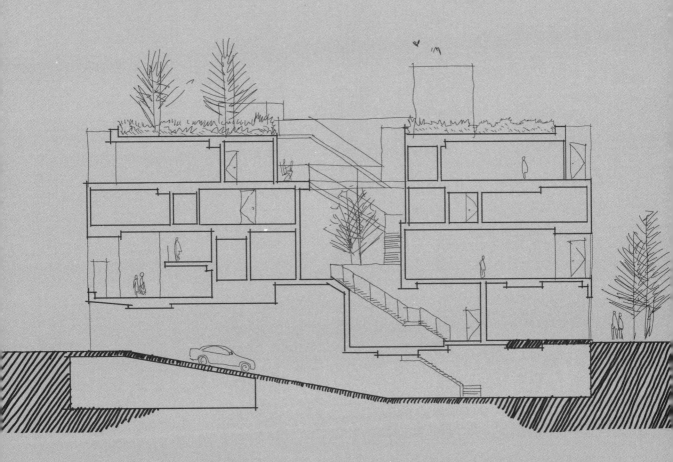

透過表現法與出題老師「溝通對話」

在各位考生當中，大多數應該是曾經在高職、大學或研究所就讀建築相關科系，修習過相關於建築的各種學分，也才能獲得建築師及高考等相關應考資格。以筆者的回憶，應該是大一時在所謂「建築圖學」或高年級時的選修課程「建築表現法」當中，學習到諸多關於如何表達設計內容的方法，包含標題、內文、圖說、拼貼、實體模型、攝影打光、版面編排等技巧，而在電腦 3D 視覺渲染工具繁多且便利的 2022 年，我想，攸關於「表現法 Presentation」是更進一步地走向數位化、動畫化，不僅視覺上的呈現，更包含聽覺以及運鏡、故事腳本等，都是各大競圖型的建築師事務所及設計公司不可或缺的核心能力。嗯嗯，在工作上要學的好多，對吧？幸好，無關乎數位軟體技術是否上手，我們只要確保手繪能力如同自來水，一開即有、隨傳隨到，在任何解題程序中得以運用自如，對於術科考試而言沒那麼複雜。問題只在於「流程熟不熟練」以及更關鍵的「觀念適不適合」。

各位閱讀此書的考生能從國內外的大學院校畢業並獲取考試資格，諸多基本的技巧一定具備並藏在心中。只是在工作的場合中，我們多數以上的時間都是使用電腦工具進行絕大部分的日常作業，對於手繪的感受可能早已忘懷，而在職場中日以繼夜地編排報告書，對於設計大圖該長成什麼樣子，時光彷彿凍結在畢業設計交圖那天。如同前一章所言，本書所創作的目的也不在於再次手把手地為各位早已自校園畢業或投入職場的讀者們複習大學課程，顯得沒有必要的意義。我們更將目光關注在如何為各位考生 refresh 在考場中的角色定位，以賽局理論的基礎所延伸而出的觀念，即如何「表現優點並讓對方感受得到」，進而與出題老師達成「相互溝通的對話關係」。正因有對話才有交流，各位考生必須有這個觀念，也才不致於耗盡數年的青春歲月埋首於補習班，卻往往僅能製作出沒有話語權的大圖，被評分者看了 30 秒之後便被歸類到沒有過關機會的不及格群組中。我們對自己要有個期許，「畫出有溝通力的圖，有溝通才有機會加入賽局 Game」，成為 Game Player，接著獲勝吧。

本書將表現法觀念分為以下幾個章節說明之，請各位考生讀者看完之後思考看看，如何運用在考場中短短的作業時間，找到「表現法」的甜蜜點。

本章重點

6-1
第一印象──POP 大字體與整體配色

筆者常看到許多繪製精美的大圖，學生動輒花費數十小時所畫出的練習大圖，先不論時間根本不同於考試規則的問題，看看那些圖或文字都份量十足，就像中元普渡放在供桌上的罐頭塔、零食山一樣，應有盡有。但是呢，整張圖看起來十分「阿雜（台語發音）」，就是……令人有「濁濁」的感覺。這個問題放在人的外表來形容，就像是一身高尚名牌、潮流勁裝的穿著外表之下，本應該覺得帥美的賞心悅目，卻因為一頭油膩髮型、鼻毛外露、指甲卡垢等缺乏打理的「本體」，再加上撞色、不協調的色感或是拖泥帶水的比例等缺乏妥善編排的「外在」，先不論花費了多少治裝費，整個人看起來就是「阿雜」與「濁濁」。而這世界上就是充斥了這種大圖，定睛一看，我發現了一個非常明顯的問題卻不被考生們所重視，因為我們太把目光只聚焦在線條之上，但是對於「文字」與「配色」卻總是矇眼不見，但是啊但是，這無疑跳過了表現法的基本門檻，捨近求遠而不自知。

筆者從小就未曾好好地拿著筆寫過字，最不喜歡的就是被強迫必須按照筆畫順序寫字，因此我的中文書寫堪稱鐘樓怪人般的扭捏歪斜。直到研究所畢業都還不以為意，直到 30 初的年紀因為準備考試才真正地認知到這個症頭，將造成我在考取建築師或公務人員高考路途上的一大阻礙。

曾經聽前輩說過「人如其文」，意思就是不管這個人的外貌條件多有魅力多好或穿金戴銀，如果他的寫字筆跡或是撰文內容是紊亂潦草以及語意龐雜，那麼這個特徵也多多少少顯現出了這個人的內心世界並不如他外表上的光鮮亮麗，必須格外小心這樣內外不一的人。我想，這件事情在考場中是一樣的，不論你的線條多麼有第一章所提到的「建築感」，媲美不可一世的大師手筆，但若整張圖的文字與配色看起來混濁，那麼給予評分老師的第一印象，雖然不是絕對，但可能會**不如字跡工整以及配色舒服的大圖來得有「可信賴（reliable）的魅力」**。

從寫標題字練起

那麼我是怎麼從鐘樓怪人般的醜字泥沼中爬出來的呢？首先從每一張大圖中最大的字開始，那就是「標題字」。筆者不幫大家釣魚，但給你一把好用的釣竿，就是**練習 POP 字體（Point of Purchase advertising）**，基本上最一開始是從 20 世紀初在德國包浩斯（BAUHAUS）教育中，慢慢演變出來的無襯線字體（Sans-Serif），過去常使用於廣告與海報設計的字體，而現在依舊有更多的變化型在視覺設計的領域中發揮著。而筆者所嘗試的第一步就是土法煉鋼，上網搜尋「POP 字體」，你就會獲得非常多的範例字帖以及示範影片。可以先將範例字帖下載並列印出來，用草圖紙墊在上頭並用麥克筆或墨水筆開始描寫，邊描邊感受每一橫一豎一點一劃的寫法與用意，開始就能理解每一個字就像由一些固定的符號所組合起來，這是理所當然的，因為中文字體本身就是象形文字。

只要熟悉這些符號的寫法之後，你就可以接著進行另一個練習，那就是「名字」，不管是自己的名字或是家人親戚朋友甚至是明星的名字，都拿來練過一輪，很快地你已經知道運用這個方法來書寫文字。

最後一步，**先想出任何你在考試當中可能會用到的「大圖標題」並把它記錄下了，10 個也好 20 個也好，每個標題都是 4 ～ 8 個字數**，例如：鐵馬柑仔店、河岸留聲機、漢方菁華大稻埕、二十二世紀圖書館……等，以每個字 4cm×4cm 的尺寸大小來書寫。這些隨你想像得到的任何題目並且即將在考場中派上用場，預先熟悉並準備起來，到時候寫的可順的呢。

| 搜尋 POP 字體
印出臨摹 | ⇒ | 練習寫名字 | ⇒ | 練習寫大圖標題 | ⇒ | 臨摹硬筆字帖
練習寫圖說與說明文 |

標題字練習完畢之後，用同樣的方法與邏輯，我們來試著練習圖名與說明文字。那麼怎麼練習呢？**我的方法可能會因人而異，可視個人喜好的不同而選擇你想要的經典來抄寫。**以筆者為例，我會選擇《金剛經》或《般若波羅蜜多心經》來臨摹抄寫，一方面這些經典都可以找到適合你的硬筆字帖，另一方面抄寫經文可以提升心靈與呼吸的穩定度。

都練習完畢之後，最後一步就是如何派上用場。我想，在這個自媒體的時代，很多年輕的朋友都會在網路上發發文、寫寫評論又或是分享一些對於時事、運動或美妝的心得，那麼，不如不要用打字的（或事先打好字也可以），而是用你在抄寫經典的書寫方式把這些文字用手寫的方式寫出來。當然，各位考生也可以把經常在考場中用到的文字或關鍵字先列出來，整理分類之後勤於用手寫文字的方式將它寫出來，例如：二樓平面圖、A-A'向剖面圖、戶外入口廣場透視或是訪客大廳、研究空間、機具工作坊、無障礙坡道……等，這樣更能運用在考試當中。

考試大圖的色彩計畫

本節最後我們來談談色彩計劃。**色彩，筆者個人認為跟是否學習過色彩學沒有直接關係**，而是跟**每個人喜歡的事物有所關係。**例如，我曾經有學生是個十足的動畫迷，尤其是航向偉大航道、闖進新世界的那部長篇連載漫畫。因此呢，他畫出來的大圖用色就很類似於這部動畫漫畫的色彩色系，十足鮮明或者說是鮮艷的高彩度用色。另外，我的另一位學生很喜歡看宮廷劇尤其喜歡東方的文化，之前有一部知名中劇據說是參考了義大利畫家喬治奧莫蘭迪（Giorgio Morandi）的繪畫，或說是參考中國宋元明清的山水畫也好，整體畫面的低彩度色調呈現出一種東方的婆娑美感。這件事本身並沒有對錯，而是適不適合的問題。對於考試而言，筆者覺得不能偏重於任何一邊，但可以建議一個比例。

背景選低彩度的藍與綠

什麼樣的比例呢？試想整張大圖中，上色最多、範圍最大的背景顏色是哪個顏色呢？應該是**綠色跟藍色，因為各自代表了植物綠帶與水景天空。因此，這兩個色系會建議各位考生選擇比較低彩度的綠與藍，而且兩者必須有好的搭配效果，共同成為這整張圖最基本、穩定的色彩環境，先把「色彩空氣」定調。**以筆者的擅用上色工具是麥克筆，我就會到美術社**同時挑選這兩個色系的每一支麥克筆，而避免這次只買新的綠色，而下次又買新的藍色，如此兩者將比較難有交會點。**例如，很有可能想要將畫草地的淺綠色換掉的同時，我也必須重新搭配畫喬木或樹影的綠色，也可能會進一步，將藍色系的水池顏色一併考慮進去，彼此搭配之後，把麥克筆的色號記下來，未來就不要輕易更動了。

動線選有厚度的灰色及暖色

接著如法炮製，可以將用量次之的暖色及灰色等色系也如此測試與安排之，稍微有些不同的是，因為這兩個顏色通常都跟「動線」有關，會很直接影響觀者第一眼看圖時找到設計動作的顏色，筆者認為不適合太淡薄，稍微有一點**「厚度」**的顏色是好的，也就是不要過於透明清淡而隱形，如此上色等同徒勞。

萬中選一凸顯的特殊色

最後，我們以考試的立場來思考，基地當中可能有某棵老樹、某個公共藝術、某棟建築物等非常之重要，需要特別凸顯之，更希望評分老師可以一眼就看到這些關鍵元素的設置與用意。那麼我們就不要客氣了，可以為他們挑選更清楚、甚至是搶眼的顏色，以彰顯他們的重要性。但千萬要切記了，重要的事物絕對不會多，必定是萬中選一的耀眼存在才能用上這個特殊色，躍然於紙上。

以上幾個關於文字與上色的建議，可以在準備考試的過程中逐步調整，到考試前一個月把整體計畫定調，越接近考試就不要隨意變動，因為，陣前換將，不是大好就是大壞。

6-2
遊樂園的導覽圖──建築平面

不管是出國旅遊或是小時候的畢業旅行，我們多少都有到水族館、動物園、大型遊樂園區或某某影城之類的複合性商業設施遊歷的經驗，占地廣大且娛樂內容包羅萬象，我們都能在其中遊歷而忘卻了時間，一個白天一下子就過了，樂不思蜀。而你有注意過，在進場之際我們手上除了門票以外，還會有一張導覽地圖標示著我們的現在位置與整個園區的相對關係，使得我們可以選擇先玩哪一項設施或接著去看哪一種動物，就能夠做出觀覽的計劃，或許一開始能夠先避開大排長龍的熱門項目，先去最遠的地方玩，再一路玩回來……

在術科考試的場合中，通常是地面層（或一層）平面圖佔據的最大的版面，因為它必須清楚交代設計中，考生如何處理基地與環境的對應關係、基地本身四周圍的介面以及基地內部的空間量體、機能與動線等編排等。這個角色定位，就像手中拿著一張遊樂園區的導覽地圖一樣，透過它可以綜覽全局也能理解設計方案的主角與配角之間的絕對位置與相對關係。因此，我們何不用繪製一張導覽地圖的心態來製作這張占用最大資源（版面）的圖說呢？

對筆者而言，有了這個觀念我開始跳脫過去覺得平面圖不知道表現什麼而落入照章辦事的「作業感」，進而產生抗拒感的經驗。反而將平面當成一張遊戲中的 RPG 地圖，有了製作遊戲地圖般的趣味，我更能投入於設計其中，彷彿自己像是電玩遊戲的場景設計師，希望玩家能夠先走過一道橋，橋下的水池中暗藏著怪物，時不時會噴出火球，而一旁的樹梢上又有小矮人虎視眈眈，在各種冒險的情境中，玩家正奮力跨越到彼岸去拯救心愛的公主，因為她被大魔王綁架 ing……這樣輕鬆地想像，立即有了畫面感，那麼，何不讓這樣的感受在你的大圖中產生呢？

繪製用心的平面圖博好感

因此，筆者會在繪製平面圖時，會清楚的標示各空間的出入口位置、透視圖所在的視角位置、量體高度會利用陰影呈現、鋪面材質也會

差異化暗示整體配置的主要動線與次要動線、清楚標示各個空間或
量體的名稱、屋頂或露臺的設施活動也會善盡妝點的義務……簡
而言之，你想像中的遊戲地圖或導覽地圖長什麼樣子，就盡量去模
仿看看。這份企圖心，評分老師會感受到的，終於不需要再霧裡看
花、邊猜測考生的心意，考生給讀圖老師一個執行上的方便之處，
老師也會給考生一個善意的回應。

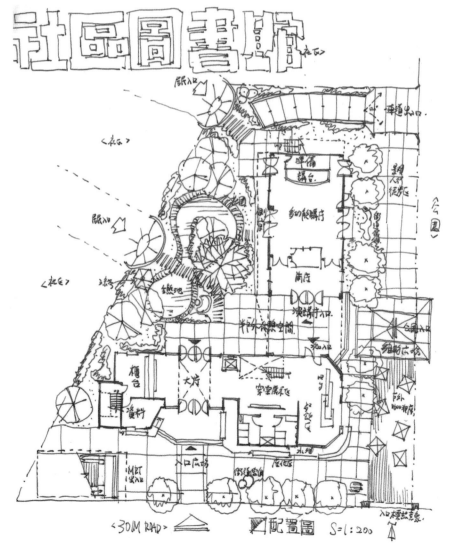

6-3
漫畫建築──版面配置

考試這麼嚴肅的話題，一般蠻難想像它跟漫畫這樣娛樂性質的藝術形式有什麼關係的。但是在 21 世紀的現在，任何創作都不該被它既定的框架所束縛，不然，我們生活當中這麼多創新且改變人類生活的產品就不會被設計出來了，例如十多年前發表的水果牌智慧型手機就是一項驚天動地的創舉。那麼，漫畫跟考試有什麼關係呢？

如果啊，今天我們在各位讀者的面前擺出同一個劇本改編的漫畫與小說，在以快速吸收故事的精髓且具有直接的畫面感為前提，這兩個選擇大家認為會選擇哪一樣呢？筆者會先選擇漫畫作為最好吸收的形式，當看完漫畫之後，覺得這故事劇情真的是太有吸引力啦，希望能夠更進一步了解更多細節時，我就會找出小說來看，透過文字來換取更多的想像空間，得到更沉浸式的體驗，這就是文字的魔力。所以，兩者我都想讀，但是如果以效率與表現性而言，漫畫會是我的首選。

術科考試的場合中，考生們也是透過圖說與文字對出題老師提出這個被設計出來的故事，爭取溝通的機會，這一點跟漫畫出一轍。各張圖說尤其是透視，像極了漫畫的分鏡畫面，而說明文字則跟畫面中的對話框與狀聲詞相同，不管是主角的台詞或是旁白，都讓我們觀者更能身歷其境去理解故事內容。因此，筆者認為術科考試的唯一表現素材＝大圖，如果讓整張圖看起來像是在讀一本漫畫，那麼閱讀性會變高。

那麼，怎麼讓大圖具有漫畫感呢？

首先，我們必須產生出足夠數量的透視圖，圍繞在平面與剖面圖的周圍，就像是眾星拱月一般，讓我們邊讀平面及剖面時，可以由一旁的透視模擬圖當作幫手，協助理解設計的內容。而這一張張的透視圖就是漫畫中的分鏡圖，因此，每張透視圖之間應該有著一些空間上的關聯性，例如從入口廣場走到建築物中庭再接著走到多功能

活動中心的內部透視，跟我們日常在體驗空間的動線與感官經驗相符，一張一張的畫面引導我們去理解設計的內容，就像漫畫一般。

所以啊，筆者常對學生說，不要再像過去十幾年前的大圖一樣，不要將透視視為一個獨立的作業，甚至可有可無，或是只畫一張不甚清楚的鳥瞰等角透視，有點交差了事的意味。更積極的做法，就是將透視圖當作傳達空間劇本最主要的工具，如此一來，看圖者會更輕鬆，考生們要取分也將更加容易。

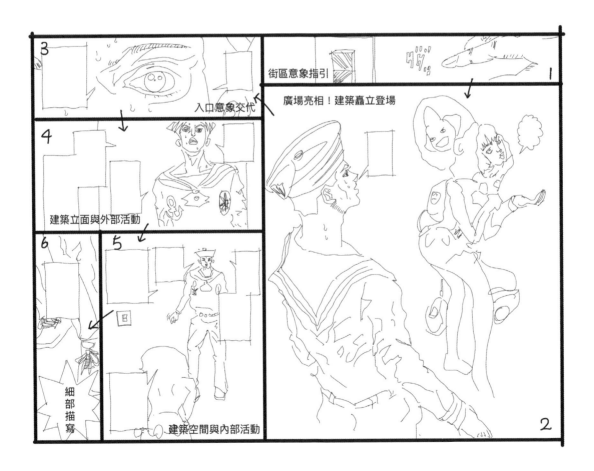

6-4
電影視覺感──剖面與透視

如果設計操作過程是從平面開始，很容易掉入機能與尺寸的陷阱。若從透視開始，你思考的不只有單一個角度的效果，而是像漫畫一樣，你會用透視來建構空間經驗與尺度變化。這也是優秀的建築作品不可或缺的要素。

從現在起，**做設計要先用透視來設定局部與整體（鳥瞰／等側）。要構思從進入基地前、進建築前、建築內、到建築外、離開基地……等不同場面，融入你覺得好的「雲端案例與手法」。透視才是大眾親臨現場所見，平面則是紀錄與檢討的專業工具。**

透視若能搭配剖面一同說明，表現力會高上許多。在考試的場合，**清楚的表達能力甚至比合理的平面尺寸更重要**。透視是空間場景的連環圖，那麼，剖面是空間組織的連環圖。從基地外到基地內，建築外部到內部，底層到頂層……都能透過 1～2 張大剖面去說明空間組構關係。空間的壓縮與開放也不只在平面向度，垂直向度通常才是引人入勝之處。

剖面人人會畫，但重點在於表現：高程（內到外）、行為與尺度、物理環境、構造形式。每次畫剖面，都要如此檢討，設下勘驗點。要知道，一個無趣的剖面在考場中出現，殺傷力非常大。那麼何謂無趣的剖面？

☐ 相同的樓板層層相疊
☐ 空間高度、樓板面沒有起伏變化
☐ 空氣無法流通、陽光無法撒入
☐ 不論空間大小都看不出構造用意
☐ 屋頂形式都是平屋頂，缺乏氣候或視覺上的思考
☐ 建築體跟基地環境沒有互動（視覺或準則）……

剖面圖是建築與地景融為一體的依據，也顯現內部空間使用目的之差異性，目的在展現空間的通與透。可以樓板的設計做下列檢核：

□ S形流動，樓板挑空位置在各層之間呈現S形配置
□ 飄浮樓板，空橋或是樓板兩邊都有不同挑空
□ 上下半層，樓板的高程有高低不同，空間高度也有不同
□ 階梯式輪廓，建築物的外圍有消線概念，越高層越往內退
□ 抬起與陷下，指地表地貌需有隆起土丘景觀或下凹式廣場……

依筆者的教學經驗，在考場中很多考生會將半數以上甚至更多配比的時間拿來投注在平面圖與上色之間，對於剖面與透視圖則是有點興趣缺缺，甚至是以逃避的方式來看待這兩樣極具殺傷力的有效武器。請各位讀者可以試想，在閱讀建築作品集時，讀平面比較快、易懂，還是剖面跟照片（透視）呢？讀平面比較能感受到空間感及設計趣味，還是剖面與照片（透視）呢？

我會說是後者，因為剖面與透視更直覺、人性地反映出空間的真實樣貌。平面我個人認為是檢討尺寸、合理性與邏輯的理性工具，作為整體布局與整理架構非常好用。但是空間是感性的，並非建立在絕對的尺寸數字中，而是尺度感受。

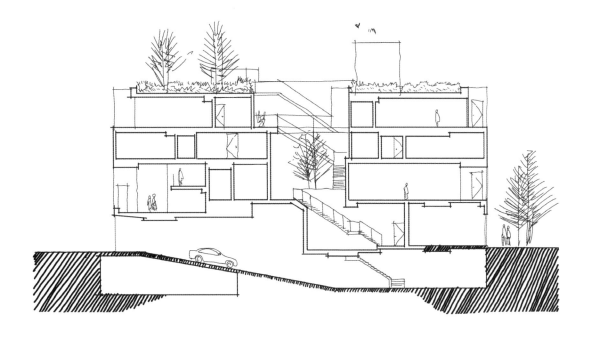

6-5
理性的魅力──分析簡圖 diagrams

建築師考試的建築設計一科，全名為「建築計畫與設計」，其中的
「建築計畫」以筆者的作法，並不會將其獨立出一個篇章或耳聞坊
間補習班所教的，必須在考試圖紙的背面像是申論題一般寫出長
篇大論的「建築計畫」。

以我的觀念「生食都不夠了，還想曬成乾」，意即正面都快要畫不
完了，要依照補習班要求畫完兩面對我來說也太不切實際。另一方
面是，我不認為長篇大論的作法會讓評分老師開心，因為，那得要
花多少時間才能看完，甚至看懂呢？

因此，筆者選擇以我們在大學時所學，**在設計結果完成之後，切取
出幾個重要的環節，以數個分析簡圖 diagrams 的說明方式，向出
題老師展示這個設計方案的幾個關鍵要點**，正因講話要說重點，才
會希望老師透過這幾個被整理過的放大鏡來檢視我的設計成果，同
時也帶有引導「風向」的功效（隱惡揚善）。筆者認為要把分析簡
圖當成建築計畫的濃縮版，因此我會畫入簡圖當中的內容大致有：

☐ 都市定位與基地策略
☐ 環境設計與都市景觀
☐ 量體策略與立體區分
☐ 營運模式與空間架構
☐ 防災計畫與通用設計（或可以置換為其他更重要的議題）

筆者建議考生可以參考上列的幾個分類，應該可以發現建築計畫可
以從都市層面＞環境層面＞建築層面＞軟體運營＞特殊議題等，由
大到小的尺度來分析解答，這樣子的順序也可以讓讀圖的老師明白
考生由外而內的設計思考，有層次地循序漸進去理解空間的構成，
這樣不得分都難啊。

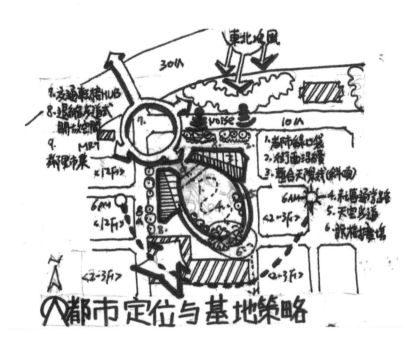

∧都市定位与基地策略

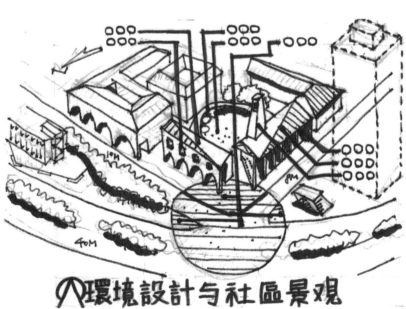

∧環境設計与社區景观

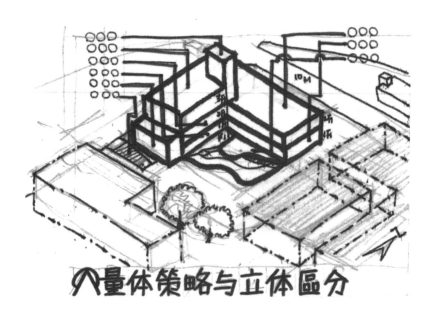

量体策略与立体區分

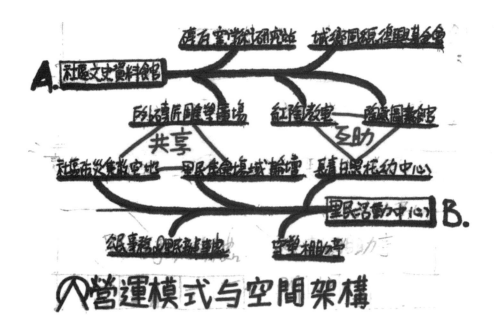

營運模式与空間架構

筆者在教學時也發現，有不少學生之前曾經到某大補習班中學習過一些術科的小撇步，總喜歡在設計內容還沒定案，甚至連發想都還沒開始就先畫分析小圖，簡單說就是套用幾個公版，例如太陽從東邊升起西邊落下，冬天吹東北（或偏北）季風又夏天吹西南（或偏南）季風等，只有底圖因為基地形狀不同而有所差異。這些在筆者看來真的很雞肋！如果放諸四海皆準的共用條件（難道太陽會從西邊升起？），何必多費唇舌去占用版面呢？ 又會套用 L 型的量體配置與底層架空的設計手法，千篇一律，這對我而言實在不可思議。設計的有趣之處不就是在於呈現出自己對於這個題目的獨特見解嗎？ 一起來思辨看看。

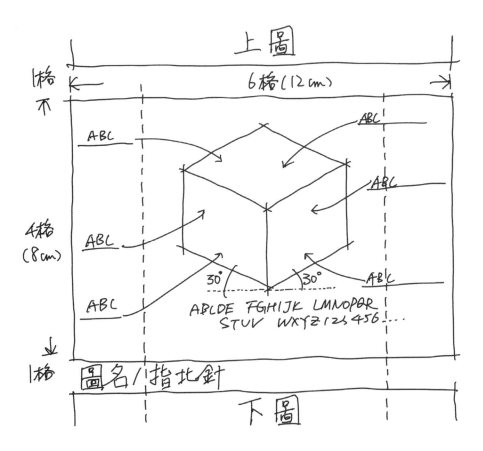

6-6
閱讀性──圖標、圖名與設計說明

本章最後一節,想要討論的是關於圖說與文字的「閱讀性」。

各位讀者一定有看過某些類型的書中,其文字編排與其他類型的書籍有著根本上的不同,例如字典、百科全書、推理小說、論文之間就有相異的閱讀特徵。那麼在術科考試的場合,我們文字的編排其實更簡單。各位讀者不管在學習或是工作的場合中,多少都有使用影像編輯軟體或是用手機進行拍照後製的經驗,而這些編修工作的**最基本原理就是「圖層」。**我們必須替在底圖之外的不同元素之間進行圖層歸類整理,才能讓每個圖層中的元素「扮演」好自己被設定好的角色。而這樣的設定過程,也必須在術科考試當中著實地運用出來。以下分為幾個圖層,**筆者建議每個圖層都能有自己的「識別性」,讓它們一眼就被辨認出來,並且可以清楚明辨彼此之間的不同。**

第一層:大標題 4cm×4cm

在正常的狀況下,通常每張大圖,筆者都會因為設計的內容給他一個自取的名稱作為標題,例如「河岸留聲機」可能是為了呼應基地位於河邊的環境條件以及空間需求本身的機能特性。筆者會用扁平頭的麥克筆書寫之並善用前述的 POP 文字寫法,儘可能讓它清楚顯眼。這個標題字可位於圖面的右上方或是左上方,視版面編排而定,但筆者比較不建議放在底部或側邊,這種比較偏海報文字的編排方式可能不適合考試這樣需要一眼就看到重點的場合。

曾經有學生問我是否該抄題?例如題目考的是「歷史建築保存再利用與活動中心增建」的題目,我的回覆是基本上**「不需抄題」。**一來,題目是每位考生共有且共知的資訊,不需要讓出題評分老師複習之,再者,考題名稱很多時候肋肋長,不需要再占用版面寫出這樣雞肋的資訊。

第二層：圖名 2cm×2cm 或是 1cm×1cm

一張標準的大圖中，會有一層平面圖、二層（或標準層）平面圖、兩向的剖（立）面圖、數張透視圖以及其他題目要求的細部詳圖或其他說明圖。筆者建議採用黑色的簽字筆 1mm 來統一書寫，位置也必須統一在每張圖的右下方或左下方，這樣就能夠清晰易讀，才不會發生因為圖名浮動，有時在上有時在左右，造成圖說與圖名之間的關係不明確，讓評分老師認為你連基本的版面編排都忽略，那就因小而失大了。其次，圖名還須包含比例或是指北針，這些就視需要而加入，不過最忌諱的就是沒寫比例或指北針的平面圖了，馬上扣分！

第三層：空間名稱 0.5cm×0.5cm

當我們把圖都完稿之後，千萬不要忘記寫上空間名稱，讓評分老師更快了解你對於每個空間的定義。字體工整簡潔即可，要注重的細節就是**「不要用黑筆」**，因為會跟圖面的線條相混，造成閱讀上的困難，筆者建議**可用藍筆**的 0.38mm 鋼珠筆來書寫。另外一個重點，就是最好將空間名稱寫在該空間的中央，而不要寫在角落，避免評分老師誤判或是找不到該空間的名稱。

第四層：設計說明（含申論）0.5cm×0.5cm

在每張圖說的上下左右，都會有自該圖說的內部延伸出的說明文字，簡短的一兩句說明文字，將該空間或設計的重點彰顯出來。也因為通常字數較多，筆者建議可視個人喜好挑選好寫速乾的**深紫色**或是**墨綠色**鋼珠筆書寫，也同時因為字多，很多學生都會字越寫越小。筆者建議最好**不要小於 0.5cm×0.5cm，以免字太小密密麻麻反而造成閱讀上的困擾，評分老師索性就不讀了。**

上述的第三層級第四層的用筆顏色，可以互換。例如空間名稱用深紫色，設計說明就可用藍色，但不可參雜混用，如此便失去分層的用意。

第五層：重點文字以螢光筆標註

在寫完整張圖的文字之後，字數可能來到了數百字甚至千字以上，那麼在考場中我們都會假設老師只有 30 秒的看圖做初步篩選的時間，那麼該怎麼讓老師知道重點文字在哪呢？其實這也很土法煉鋼，就是拿出你的螢光筆做標註，筆者建議採用**黃色或粉紅色系較不易與其他表現法的上色相混**。但是一樣要切記歐，重點是物以稀為貴，要慎選標註的門檻，可不能整張圖的文字都是重點，那就沒有重點了。

最後提醒一點，筆者建議每一層都做完整之後，再接續下一層。不能跳著做，例如一下第二層、第四層、第三層又第二層，這樣只會**讓做圖的時間更慢，而且更容易拿錯筆上錯色，造成失誤的機會。**在考場中，為唯一的稀缺資源就是每一分每一秒的時間，這跟我們的人生一樣呢。

第六章結語

本章作為呈現經營表現法的觀念，替各位考生整理出幾項能否過關的重要觀念。建議讀者能吸收這些觀念並理解其背後的目的，再試著結合至每日的練習與考場中的實戰。這些都是非常實用的方法，過去除了是我自己術科考試過關且有 70 分水準的心法之外，也幫助過非常多一考再考卻總是再 40 ～ 50 多分徘徊的學生一舉上榜，在充分理解「術科考試就是一場賽局，需要說出對方能懂的話語，進行良好溝通之後才能雙贏的協調賽局（Coordination games，有興趣者可自行網搜）。」之後，你也可以是下一位名懸金榜的建築師或公務人員。

速度的養成

時間是你人生的錢幣，也是你唯一的錢幣，只有你能決定將如何使用它。也要小心，以免其他人替你使用。

──卡爾 · 桑德堡（Carl Sandburg）

在前幾個章節中，不論是工具、讀題、解題乃至於版面配置及圖文內容，各有各項必須面對且嘗試解決的障礙與瓶頸，而各個不同課題之間，只有一個必須共同之處、共同敵人，那就是「時間」。筆者曾提及時間是考場中唯一的稀缺資源，滴答滴答，從考試鐘響那一刻開始直到 8 或 6 或 4 小時結束之前，我們必須學會跟時間好好相處，選擇善用他們為考試帶來更多更明顯的效益，而不是瞎忙瞎畫瞎攪和，讓時間從你指縫間溜走。本章節為各位考生整理出幾個小建議，都是筆者過去在授課時與學生對談間所得到的心得，期待各位考生閱讀之後可以謹慎以對，都能成為考場中的「時間管理大師」（笑）。

考場作業 SOP

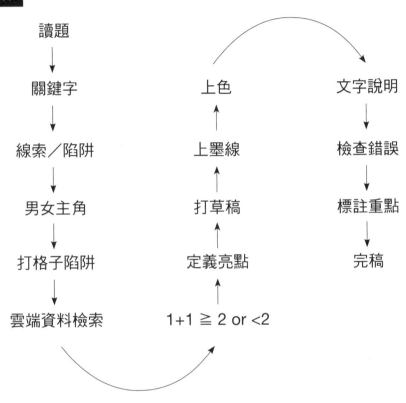

START

讀題

關鍵字

線索／陷阱

男女主角

打格子陷阱

雲端資料檢索

1+1 ≧ 2 or <2

定義亮點

打草稿

上墨線

上色

文字說明

檢查錯誤

標註重點

完稿

本章重點

7-1
大設計與小設計的時刻表

在這裡所提的「大設計」即為建築師考試中的「建築計畫與設計」，考試時間為 8 小時。而「小設計」則同樣是建築師考試中的另一術科「敷地計畫與都市設計」，考試時間為 4 小時。

在多年之前，筆者尚未開始用心準備考試，一聽到 8 小時的考試時間只覺得也太浪費時間了吧，我們在事務所工作一天都能生出好幾個提案或做完幾個篇章的報告書了，在大學時，半天 4 小時拿來畫快速設計就綽綽有餘了……真是不知道哪裡來的自信。沒想到，一進了考場，8 小時連墨線都畫不完，十分令人感到頹敗。而當我認真開始準備考試時，第一張用心畫的大圖，花的時間遠遠超過 8 小時還得很痛苦，這時候才認知到原來在考場中要在時間限制條件內畫完一張大圖並且能夠過關，是多麼遙遠且難以達成的目標。更遑論另一科小設計，4 小時能打完草稿就不錯了，鐘聲一響就得交卷……回想起那時候的我，滿腦子都想放棄，找了各種讓自己不用參加考試的理由與藉口都縈繞著心頭，幸好，我撐過去了，而且不只建築師考試，連公務人員高考我也一併過關。說穿了，好像就是一份不服輸的感覺。

什麼樣的不服輸呢？就是對於下列這張時刻表的不服輸，這是早我好幾年過關的建築師同學給我的，如果我同學都可以辦得到，那麼，我沒盡力嘗試過之前，好像沒有藉口認為自己辦不到。就是以下這份有點夢幻的菜單：

建築計劃與設計（大設計）：8 小時（09：00 ～ 17：00）

打格子（包含讀題）	15 分鐘	09：00 ～ 09：15
解題（包含正、背面的所有草稿）	**225 分鐘**	09：15 ～ 13：00
上墨線（正面即可）	120 分鐘	13：00 ～ 15：00
設計說明	60 分鐘	15：00 ～ 16：00
上色	45 分鐘	16：00 ～ 16：45
彈性時間	**15 分鐘**	16：45 ～ 17：00

敷地計劃與都市設計（小設計）：4 小時（13：00 ～ 17：00）

打格子（包含讀題）	15 分鐘	13：00 ～ 13：15
解題（正面所有草稿）	**45 分鐘**	13：15 ～ 14：00
上墨線	75 分鐘	14：00 ～ 15：15
設計說明	30 分鐘	15：15 ～ 15：45
上色	30 分鐘	15：45 ～ 16：15
敷地問答	**30 分鐘**	16：15 ～ 16：45
彈性時間	**15 分鐘**	16：45 ～ 17：00

在 11 月考試（建築師考試）之前的 2 個月內，9 月時我達成了這個目標。從 3 月開始準備到 9 月這半年的時間裡，我沒有任何一天不想盡辦法讓我在產出大圖的過程或時間的掌控上，趨近於這張表格。怎麼辦到的呢？後續幾個小節會說明從觀念上的調整。在那之前，我必須先說明幾個關卡。

15 分鐘讀題打格子爭取後續時間

不管大小設計，讀題加上打格子的時間一律不超過 15 分鐘，也就是說在這 15 分鐘的時間裡，你必須先讀過一次題目，再接著對圖紙正面打滿 2cm 見方的格子，打完格子就可不用尺規，這是加速後續作業流程的第一步。這短短的幾分鐘，替我節省了數十分鐘的尺規作業時間。請各位考生善用格子以爭取時間，有了格子就不需再使用尺規。

30 分鐘做好繪圖計畫奠定答題基礎

在打草稿的時間裡，大設計有 225 分鐘，也就是幾乎整個讓上午時段都沉浸這階段的作業之中，手中拿著的除了鉛筆與橡皮擦，別無他物。在這 3 小時又 45 分鐘的時間內，我會先在圖紙背面先用鉛筆整理題目，諸如關鍵字、線索與陷阱、主線劇情……等，做好繪圖計劃，在背面想好所有該想的設計之後，我才會轉到正面去畫大圖的草稿，時間不超過半小時。

而翻到正面之後，基本上我會按照背面所想好的架構，如實的「產出」於正面，將正面整張圖的任何一個元素都打好草稿，包含所有的圖說、文字、標題等。覺得很難嗎？筆者必須說，小設計更難。因為，小設計**只能用 45 分鐘**就要做好所有草稿階段該做的事，這個時間條件是非常嚴苛的，嚴苛到**幾乎沒有給你塗塗改改的的機會**，因此，橡皮擦幾乎可以不用拿出來了。也正因如此，**可見讀完題之後的判斷該有多精準，才能減少塗改的機會。這是大魔王，這一個崁過了，其他的問題都微不足道。**

筆用完就收起來 = 一路前進的決心

打完草稿之後就要上墨線，從這個階段開始，不管大小設計都一樣，鉛筆與橡皮擦都不能再出現了，通通收起來或是丟到工具箱中。自此之後，筆者會建議會從最細的黑線開始上墨，整張上完細線之後再用中線條的黑色簽字筆上完整張，最後再用最粗的麥可筆做壓色或襯底的處理。同樣地，**用完細筆就不再拿出，接著用完簽字筆也不再拿出，直到麥克筆上完墨，這個流程必須強迫自己達成，嚴守紀律。**唯有如此才能**減少自己換筆的時間、拿錯筆而產生的失誤，**減少自己塗改的慾望以及懷悔的情緒。在考場中，任何造成負面情緒的動作都應該被大幅減少。至於透視圖的部分，筆者自己的習慣是拿出鋼筆來速寫，就像平時在戶外鋼筆寫生那樣，開心地把所有分鏡圖都一次畫完。

文字依序換筆寫完，檢查後就收起來

上完墨線之後，應該是最放鬆的時刻，因為終於可以不用再畫圖與計較那些尺寸與比例，單純寫字即可。首先先拿出藍筆，將整張圖會用到藍筆的部分都寫完，寫完之後檢查一下有無闕漏，接著就把藍筆丟到工具箱。再換其他你預設好的筆，例如深紫或墨綠的筆來加註其他的設計說明，寫完之後一樣回收不再使用。大設計 60 分鐘我想是足夠，**而小設計只有 30 分鐘，要寫完大量的文字，這點也是一個挑戰。**請各位考生平日就要練習寫字如流水，不能停頓太久，那樣子多給你幾小時也寫不完。

專注不要上錯色

接著就是上色，筆者跟一般的考生不同，大多數學生認為上色是最紓壓的階段，就像小朋友拿著彩色筆在著色本上填色一樣放鬆。但我個人卻認為是最緊繃、最不能出錯的階段。因為，上色通常都是大面積且必須快速地著完該上的顏色，又至少有 4 個色系（請參考第 2 章）的顏色必須上，只要一不小心上錯，那可是超明顯的。所以，上色通常是我最專注的時刻，先上哪個顏色再疊上哪個顏色都必須預先練習至熟練的狀態。一樣，也都是用完一筆就回收一筆，不再拿出重複使用，以減少換筆與出錯的機率。

彈性時間大設計檢查精修，小設計寫申論題

一般而言是上完色就趨近於完稿，大設計的場合中，可以利用剩下的 15 分鐘彈性時間檢查錯誤或是用螢光筆畫重點。而小設計的情況中，還有最後一項任務，就是申論題。在這裡有兩種安排方式，如果各位考生對於時間的掌握已經有所把握，那麼申論題可以放在最後再寫是 OK 的。但如果各階段的作業時間還是常常超出限制，

那麼筆者會建議在設計說明時，一併把申論題的圖文都寫完，最後再開始上色。如此可以避免一個情形，那就是通常申論題會被考生認定為不重要的部分，**總覺得畫完設計圖時再利用剩下的時間來寫，而最常發生的狀況就是「根本沒有所謂剩下的時間」**，因此，要嘛什麼都來不及寫就交卷，要嘛就是囫圇吞棗亂寫一通，字跡潦草更造成觀感不佳，只能說，你白白還給了老師 18 ～ 25 分，因為申論題配分是 30 分，而你卻可能拿不到一半的份數，通常與及格無緣。

以上的說明，請考生要確實地放在心上，因為只有這樣子嚴格地訓練自己在各階段的作業時間內把該做的事「做完」並且「做好」，才不至於耽誤到下一階段的作業，進而影響整體的表現，拒絕銘謝惠顧下次再來。如果你能妥妥地按照注意事項並達成標準，絕對可以比毫無目的地在考試中隨心所欲、太空漫遊快上許多，筆者與學生都親身實證以上的省時心法，要爭取省下幾個小時絕對沒問題。

7-2
手腦之間的雲端運算

拜網路科技之賜，我們終於不需要再攜帶厚重的硬碟與備份資料外出開會，只要是任何有網路的環境，打開電腦或數位裝置登入雲端平台的帳戶，便可以下載或直接檢視我們早已上傳到雲端硬碟中的資料，這就是網路時代的一大優點，作業效率比 10 多年前在本質是快上許多，資料的安全性也不再只仰賴那一顆不知道何時會壞軌的硬碟，備份的觀念也大不同。

回到考場中，當題目發下來而我們在讀題與分析之後，便開始進入到規劃設計的階段。絕大多數的考生在平日練習時，會在這個階段耗費非常多的時間，短輒數小時，多輒好幾天，要是真實的考試早就交了白卷。通常詢問之下會得到的回應不外乎是：沒有靈感、不熟悉這個機能、不知道要畫什麼，**甚至不知道為什麼要用準備考試來折磨自己！**這是真的，筆者曾經有幾個學生課程進度上到一半，便開始在臉上出現狐疑的表情，看起來像是剛從外太空回來的樣子。通常有這個現象發生，我都大膽預測這位學生可能再撐也不過幾個星期就會跟我說他想退出了。每一年總是會有幾位學生有類似的狀況，放心，他們現在都過得好好的，誠實面對自己之後就海闊天空，再也不必為了考試而煩惱，累積實務工作上的經驗之後，也是很好的設計師。

嗯，會提到這段每年經常發生的往事，就是因為他們都過不了一個崁，就是**如何面對自己「腦袋空空」並想辦法讓自己「腦袋滿滿」的這個過程。**對我而言，很清楚可以理解背後的原因，那是因為平常我們在學校或是工作中進行設計案的推展時，我們大量的倚靠網路上的資訊，不論是 Google 或是 Archdaily 又或是超強效的影像搜尋工具 Pinterest，腦袋早已習慣便做設計邊找資料邊參考的類似「Open Book」的操作方式，因此，腦力的負荷可以很減省能源，類似開起了自動導航模式，才能邊聽音樂邊吃零食邊喝飲料再邊做設計對吧？筆者也曾經當過設計師，這種感覺真的是愜意呢。

只不過，在考場當中如果還是維持這樣的腦力狀態，只倚靠擲骰子或低耗電模式是很難在考場中存活的，正因為，術科考試沒辦法 Open Book，沒辦法讓你用電腦去神通廣大，也更無法讓你觸類旁通。那麼，該怎樣才能跨過這段鴻溝呢？簡言之，在考場中，**考生更需要類似雲端硬碟這樣的技術，讓你隨時能下載跟預覽這些寄存在數位空間的案例與資訊。**只不過……**我們不是透過電腦，而是透過你的大腦。**

我們不妨先回想一項你擅長的運動或是鍾愛的一首歌曲，假設是棒球好了，游擊手在二三壘之間接到球，該先傳球給二壘手阻殺跑者，還是直接傳給一壘刺殺跑者，這一切的動作流暢與否，關係了這支球隊會不會一直失分，因此游擊手的日常練習就是模擬出不同擊球狀況、壘上跑者與打擊者的狀態、投手與捕手的搭配等等，不斷又不斷地練習。直到正式上場前，該出現的排列組合早就記憶在他的身體動作中，他不需要在球擊出的那一瞬間按下暫停，思考個幾分鐘再做出動作，對吧？一切都必須是行雲流水般的反射動作，一有閃神就容易失誤。

另外以歌唱為例，你最愛的那一首歌，可能不只是中文歌，甚至是英文或日文歌詞，正因為你喜歡聽而且一直聽，哪段旋律配哪段歌詞你永遠不會搞錯，而且原唱者的在不同段落的口氣與音量，早就深植於你的腦海中。同樣的，在 KTV 裡你也不需要在中途按下暫停，就能自然而然地唱完這首歌曲。那麼，術科考試可不可以也是這樣？其實可以，**而且一定必須得如此。**

這個「可以」的關鍵就建立在於你在考場中，因著題目給出的條件與設定，你的腦海中「出現」了那些案例與手法，代表你有能力**「想得到案例！！！」**因為很重要，所以打三個驚嘆號。而這些案例與手法不只適合被轉化運用在這個題目之中，更重要的是**「你還畫得出來！！！」**，一樣還是很重要，再來三個驚嘆號。反之，當你在考場中既想不到案例也畫不出來的時候，就不是你自己按下暫停鍵這麼簡單了，而是彷彿被題目按下了暫停鍵，讓題目決定了你用時間的方式，就是虛耗下去。

為了要填補這份空虛感，筆者建議的方法真的非常土法煉鋼，但是有效的方法不怕俗，考得上就好，對吧？

首先，把考古題攤開來，每一題都按照前幾章教的方式，好好地分析並解讀題目中的奧義，也先別急著要畫，請先控制住你畫圖的渴望 XD，而是**先去找案例與資料**，不管是網路上或是書本雜誌上的都好，只要你認為某個案例的某個手法真的非常適合這個題目即可。

接著，請你把它列**印出來成為紙本**，好好的分析這個案子的特點並做成筆記，還沒結束歐，接著用草圖紙**好好描圖**描個幾次，描到你覺得**閉著眼睛就能在腦海中畫出這個案子**的平面、剖面或是透視圖為止。

最後，請到文具店買個風琴資料夾，將每個考古題與每個相關案例與每一張你的分析筆記與每一張你所描的圖，都完整地整理在這個資料夾之中。從此以後，只要考場中出現任何類似於這個考古題或是有相關聯的題目時，你的腦袋就能毫無摩擦力的聯想到這個案子，也能十之八九地將腦海中的印象畫出來。要做到這樣並不難，只是要花時間去習慣這麼耗時的過程。但筆者相信，走過的路不會白費，**考前的耗時總比在考場中耗時來的有意義。**方法都教給你了，就看你要不要試著做做看囉。

在筆者所指到的學生當中，會在這個方法的基礎上，搭配他自己習慣的工具或是其他媒介，做類似的雲端資料庫創建，而這些學生都考上了。你呢？要不要一起。

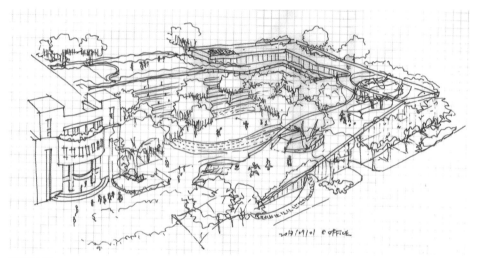

描圖練習

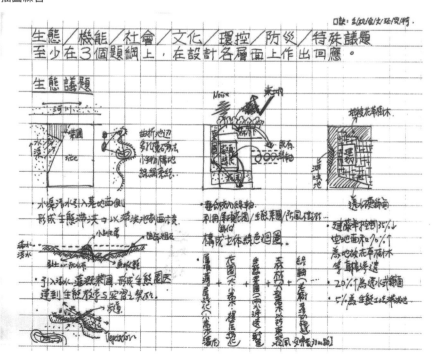

可發揮議題整理

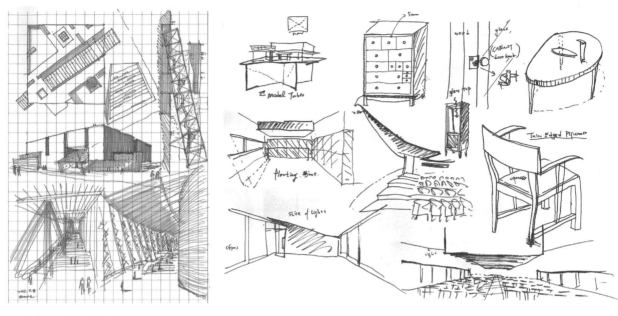

速寫練習（非描圖）

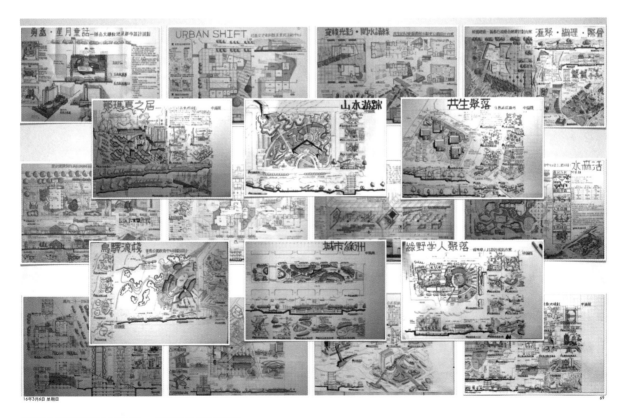

筆者大圖練習兩年 18 張，求精不求多有效率。

永憶麗現伴少

下方的逐美展良特

公下的逐畫面格獨

POP 練習

抄經練習

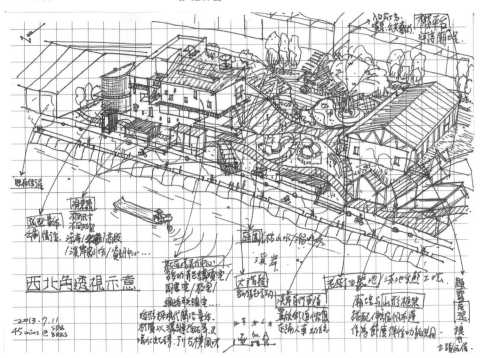

短時解題練習（利用午休時間）

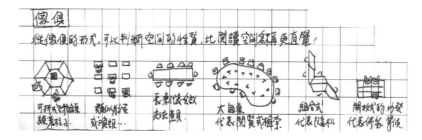

讀書筆記

7-3
不自覺忽略的考場延時禁忌

考試本身就是一個容易造成心理壓力的人生大事件，筆者回顧那個還需要參加大學聯考或推薦甄試的年代（透露出年齡與世代差異了XD），高中三年的每個夏天只有一個字就是慘，被升學壓力壓得厭世與翻白眼。建築師考試與公務人員高考何嘗不是如此呢？

不過，壓力其實是一體兩面的，可鞭策自己更專注於當下正在進行的事務作業，得到更好的表現，那就是好的壓力。如果反過來，因為壓力而讓你驚慌失措、口乾舌燥甚至胃痛，接著表現失常而開始亂畫亂寫亂作答，那麼這就是壞的壓力，讓我們必須花費更多時間補救或調適，勢必將拖垮我們在考場中的作業效率，讓這張圖好像沒有畫完畫好的一天。

在此，筆者試圖整理幾個自身參與國考經驗以及教學上所得到的反饋給各位應考考生作參考，希望能夠避免或降低產生負面壓力的機會與機率，同時也加快了繪圖的時間效率。

NG1
不看考場

很多同學，尤其是只剩術科的學生都認為考場不就長那樣嗎？教室跟課桌椅哪需要再去大眼瞪小眼。錯錯錯！看考場是非常重要的，因為如果你被分配到的位置有西曬的話，該怎麼辦呢？如果你的桌子是長短腳或是會發出異音，該怎麼辦呢？如果那間教室的桌椅數量，剛好就是少了你所需要的數量，該怎麼辦呢？如果如果，考試當天你在路上塞車，急忙跑到考場卻跑錯了教室，而此時已經鐘響，你也無法進入該進的教室～啊，這一年的努力不就枉然，又該怎麼辦呢？筆者建議，**能夠替自己降低出乎意料的狀況發生的機會，就是省時間。**

NG2
飲食不注意

很多念建築系的人都愛喝咖啡，原因無他，因為在大學時甚至在工作中都常常熬夜，必須透過攝取咖啡因來提神，漸漸養成了一天不喝個一兩杯咖啡就不對勁的習慣。然而，咖啡本身並沒有不好，**不好的是咖啡會利尿**，因此在入考場前灌了一杯咖啡，自以為喝了再上，鐵定考上！沒想到過了半小時就開始有尿意，在考場中分秒必爭，跑一趟廁所至少花你 3 分鐘，更何況一間教室只有兩位監考老師，只有其中一位老師能跟著你去廁所以防作弊，要是有其他考生要上廁所，你就得等候輪替了，這也是浪費你的時間。所以，不如考試這一天就不要喝咖啡吧。另外一點，很多考生喜歡在考試當天買一些沙拉輕食果腹，以免自己吃太飽而想睡覺，這是好的出發點。但是，要確保自己買的生食是清潔無菌的，要是剛好讓你買到那份有菌的而吃了下肚，幾乎也可以宣告你不用考試了，因為光廁所就跑不完，虛弱的你哪還有體力應試。筆者建議，選擇最不會出錯的澱粉類食品最恰當，簡單的一般麵包是我的首選，有生菜有蛋的款式能免就免。再者，我相信某便利超商的中央廚房品管標準甚高，因此考試那幾天我只吃架上新鮮的食品，降低踩地雷的機率。

NG3
看與不看

術科考試與學科不一樣，學科要是把目光放在別人的答案卷上，就形同作弊了。但是術科倒是沒有特別規定，更何況很多考生都是站著畫圖或是動來動去的，要看到前方與左右的考生在畫什麼是很容易的。因此，在這裡要討論的是，看了的話，你會不會容易受他人影響呢？例如，右邊那位沙場老將畫得超級快，看得你心慌慌並覺得自己好拙好矬。左邊那位新銳所畫出來的配置與你完全不一樣，讓你懷疑自己是不是看錯題目，而斜後面那位菜鳥考生一直畫錯又一直用立可白或立可帶塗改，嘁嘁發出的聲音或味道讓你覺得像是背後靈一般纏繞著你⋯⋯如果你是容易受影響的高敏感族群（Highly Sensitive People，簡稱 HSP），那麼就要小心了。

以我而言，筆者本身就是對聲音過敏的類型，因此，我上考場必須戴耳塞，不然我超容易被突如其來的巨大聲響或是斷斷續續的瑣碎異音所影響，這都會拖慢我的速度。建議各位考生平日要安排與他人一起模擬考，觀察自己會有什麼症頭並對症下藥，減緩考試中的不適。另外，如果你是不敏感而且對自己的能力頗有自信的考生，那麼筆者會建議你在畫草圖到一半進度時，喘口氣喝口水的同時看看左鄰右舍的「狀況」，說不定真的讓你「想到」到自己忽略之處，也可避免自己誤踩陷阱而不自知。

NG4
帶手機或其他電子裝置

這一點請各位考生斟酌了。現在每個人都有行動電話，而且都是智慧型手機或是平板，這些裝置通常你在進入考場時都會被監考老師要求要關機。我想，大家去看電影時都有經驗，總是會有人手機沒轉成靜音或是鬧鐘狂響。如果在考場時，你只是轉成靜音，那麼雖然來電或訊息不會發出聲音，**但是最恐怖的就是鬧鐘**，就算轉成靜音，該響的時候還是會響。這時如果被監考老師發現是你的手機，那麼只有扣分的份。

筆者曾經有朋友放榜後本是低空飛過的及格分數，但因為手機鬧鐘鈴聲大作而被扣完分，最後形成明年再來的窘境，選擇成績複查也沒用。另外有的時候你雖然按了關機，或許沒真正關機或是自動重開機，那麼這也是很可能會造成扣分的機會。為了杜絕後患，**筆者參與國考的那幾天是一律不帶手機或是電子裝置的**，就讓手機好好的待在家裡，要看時間就看手錶或是帶小時鐘。

NG5
用陌生的工具

筆者本身挺熱愛跑步運動，得知也體會過在馬拉松比賽中，最忌諱的一件事就是穿從來沒試過的新鞋或是新服裝。要知道，全程馬拉松是路途長達 42.195 公里的長途賽事，對一般平民跑者而言，動輒 4～6 小時的比賽時間。如果你穿了一雙陌生的新鞋卻會咬腳而磨成水泡，或是新衣褲而與肌膚長時間且高達數萬次的摩擦，那種痛苦絕非一般人可體會。因此，專業的馬拉松選手一定會選擇自己熟悉的鞋衣，可能已穿過磨合過了，又或是新配備但已是自己十分熟悉的款式與尺碼。

考試又何嘗不是如此呢？長達 8、6、4 小時的考試時間，基本上就是一場長途賽事。如果帶到考場的繪圖工具是全新的款式，又或是自己未曾熟悉過、借來的工具，那麼很可能會造成一段悲劇。筆者在尚未認真準備術科之前，甚至是有點輕佻的心態，連磁桌圖版都是跟學姊借來的，捨不得自己花錢買。到了考場，打開了磁桌發現基本上平行尺的齒輪早就故障，帶了這張沉重的桌板其實一點用也沒有。連上色的工具都是從事務所的文具櫃中拿來，想用什麼顏色就缺什麼顏色，而且能用的顏色都還怪怪的，因為基本上都是建照圖上色用的工具。這樣隨便的下場，當然就是消耗能量又消耗時間的做法，根本不是想要考試過關的狀態，而是想碰碰運氣。

你呢？有專屬自己的考試配備並與之培養長期抗戰的革命情感嗎？如果有的話，那我想你在考場中要失誤的機率會比其他隨便碰運氣的考生來得低。**考試這檔事，對我來說致勝關鍵就一個字「穩」，**當你什麼都具備了也什麼都料想好了，不管今年出了什麼題目，你都能氣定神閒又穩穩地出這一次任務，你就是考場中最優秀的特務，考試不過是你的一次任務值勤而已。過關。

第七章結語

筆者是 2000 年上大學的一代，剛好處於數位科技正在發展的時期，我們能碰觸到的數位技術都不成熟，舉手機為例應該最有感，當年我們用的都是 N 牌、M 牌或 P 牌的 2G 手機，至今只在博物館或 90 年代的電影中看得到。因此大多數的同儕還是按照我們老師那一輩的方式在執行設計任務，但又同時知道國外有名校已經開始使用電腦輔助設計，我就是剛好處在這個類比與數位轉換的年代。然而針對術科考試這件事，我畢竟還是往類比靠攏，用傳統且扎實的方式訓練自己，才得以在認真準備術科的 2 年之內（加上學科共 4 年）考上建築師與公務人員高考，真的不簡單，當時候還沒有滾動制，身邊很多朋友一不小心就是差一科而全盤皆輸，隔年只能 6 科重來。

前段之所以一提，我想目前正在閱讀這本書的讀者，有更多都是 2010 之後才上大學的一代，數位科技早已進入你們的求學過程中，水果手機都已經出了好幾代，螢幕也越來越大。對於瞬息萬變的資訊時代，這是好事，但也同時造成一些先天上的缺陷。就如本章所舉例的，平日過於倚賴搜尋引擎與視覺化的設計流程，年輕的考生就顯得吃虧，**對於仍處於傳統類比方式的術科考試制度而言，時代並不是站在你們這一邊的。**不過，或許你們可以站在自己的優勢與劣勢的基礎之上，找出更適合的方式來準備考試，例如我的學生就不喜歡把圖印出來，厚厚一疊覺得很不便，我便鼓勵他用習慣的平板電腦做案例蒐集與描圖的動作，雖然考試也無法用平板跟觸控筆，但至少先讓自己習慣這樣的思維模式，再試著真槍實彈用紙筆練習。很幸運地，這位學生還是上榜了。所以呢，方法是人想出來的，期待各位考生讀者都能發揮自己的創意，找到適合自己的方法，早日到達彼岸啊～

眼界與議題力

「時代不同了」這個關鍵字算是本書其中一個側寫觀念，也的確人類現今的生活環境是數萬數千年來最豐富、也複雜的一個世代。我們將眼光放在這短短的 30 年間，就可以看到十分明顯的變化。

1990 年代與 2020 年代的人類生活就有著根本上的差異，其中大部分的原因來自於計算機、網路、資訊時代的興起，這一部分的變革動搖著許多原本根深蒂固的廣大產業。各位讀者考生如果跟我一樣經歷過，小時候外出旅遊，拿相機拍照前要買好幾捲底片，高中大學開始有數位相機，要準備幾張抽取式記憶卡，而到研究所之後乃至於社會，開始有智慧型手機，最基本的日常拍照需求已被手機整合，早就不需要記憶卡，而現今更可以無所顧忌地拍攝影片記錄生活，因為一切都可以上傳雲端，容量可以無限擴充。短短著幾十年就發生著巨大的改變，不只傳統相機、底片與記憶卡等產業的沒落消失，又如筆者喜歡看電影，小時候的街頭巷尾都有錄影帶出租店，接著是 LD 這種超大型的光碟，後來有 VCD、DVD直到藍光 BD，現在則是完全可以透過網路平台觀賞最新的大眾電影與一般劇集，完全不需要載體。以上這些例子在世界上還有更多而且正在發生著、取代著，但因為我們基本上都是消費者，基本上是受惠的角色，但如果今天我們是生產者，那麼我們可能會是被時代所淘汰的那一群。

建築設計業，會被取代嗎？這是一個好問題。不過我更想問的是，「建築師會被取代嗎？」如果各位放眼台灣這個島上的建築，或許也漸漸有所感覺，建築物跟過去幾十年間也慢慢長得不太一樣了。除了是建築技術上的演進，更重要是觀念上的有所不同。

以南部的住宅為例，在 30～40 年前，台灣的住宅市場蓬勃發展，那個時代的大多數建築師瘋狂地且大量地設計出現在老舊街區中的連棟店鋪住宅以及步登公寓，很可能你我就住在這些經濟奇蹟之中；後來經濟泡沫時期，在市中心則開始有高層集合住宅的出現；另一方面，在各都市的近郊城鎮產生大量的連棟透天車庫住宅。而現今都市內的土地飽和，都市中的高層集合住宅走向大坪數的獨門獨戶，中小坪數的高層住宅也開始在衛星都市中出現，而連棟透天厝開始有了變化型，獨棟透天自地自建更是這十年來的主要特

徵。最近幾年則是因為土地價格、人工物料齊漲，開始推出小坪數的集合住宅類型，尤其這陣子有好多所謂的「新加坡式電梯集合住宅」在南部出現，意即因為基地不大可以抑制土地取得成本，也選擇不開挖地下室降低開挖成本（依技術規則必須控制樓層數在 5F 以下為非供公眾使用建築物，始可免開挖防空避難室），少了過往的臨街店鋪空間，將停車空間設置在 1 樓，而 2 ～ 5F 則是小型住宅單元，每層 2 ～ 4 戶最常見。5F 可做夾層設計，作為較大坪數的單元……等。

以上舉例說明，現實環境中的建築師難以拒絕與時俱進，如果各位準建築師們要進入這個產業，但觀念卻還是幾十年前的懷舊款式，那麼很容易被產業的演進所淘汰，除非你能做出獨樹一幟的老頑童。

對於術科考試也是同樣的道理，如果各位新時代的考生是以過去十幾二十年前的考試觀念來準備 2020 年代的考試，那麼將很容易顯現出與時代脫節的疲態。筆者一直有個觀念提供給我的學生們參考，**提問，現今幾年來考場的出題老師會是誰呢？** 我過去所推敲或是耳聞過大多是大學中的教授們或是實務業界的優秀建築師們，在筆者考上建築師與公務人員的 103 年，當時的出題老師是 50 到 60 幾歲這輩的建築師及教授，而現在的 111 ～ 115 年的出題老師可能會是誰呢？與前十年的出題老師相比當然年齡層越趨下降。如果各位考生仔細觀察大學院校裡的老師與在業界屢屢獲獎的建築師們，大多是現今 40 ～ 50 歲這輩甚至是更年輕的世代。意思就是，在過去的年代，出題老師與考生的世代差異可能是 20 ～ 30 年，但現今的年代，這個世代差異可能縮短到 10 ～ 20 年，他們可能是參與過前述資訊世代的演進或是在過程中求學茁壯的前輩、學長姊們。那麼，**面對這樣日新月異的出題者，我們該有什麼因應之道呢？**

如果各位考生讀者只讀 10 ～ 20 年前的考古題與練習，那絕對是不夠的，更應該著重於**近年來的考古題**，例如大學學生宿舍、國民運動中心、長照機構、新住民文化設施、危險老舊建築物更新……等，你可以發現，這些都是新類型的題目，回應現今社會的脈動、

政策與建築業的走向，都是過去的老題目所沒有的類型。所以，我們該如何針對這些新議題去準備呢？筆者認為這就是軟實力，每位考生都應該盡可能培養自己對於社會脈動主動理解的軟實力，也就是提升知識力與提案力，盡可能關心與了解國家新政策與風向。因為，這些新資訊都有可能入題，你一旦可以預先理解也等同於猜題猜對了。

筆者整理了幾個管道，讓各位準建築師們能夠跳脫有點狹隘的建築設計業思維，多多看看外面的世界，吸取更多跨界的背景知識，將讓我們在考場中的表現不只有千篇一律的柱樑板牆。同時，也請各位即將步入考場的你「先讓自己習慣成為建築師的日常」，也細細思索「建築師的社會責任」，讓這兩項功課引領你去拓展眼界。

本章重點

8-1	建築師要「看電視」
8-2	建築師要「看課外雜誌」
8-3	建築師「除了大師作品集，還要看什麼書」

8-1 建築師要「看電視」
誰來晚餐、獨立特派員、藝術很有事、李四端的雲端世界、消失的國界⋯⋯

的確現今有很多影視劇集與當下的社會脈動有所聯繫，但如果要每一部都看過才能準備考試就猶如大海撈針，不如我們來看看別人整理好的大補帖，利用更少的時間且更有效率地去理解過去、現在與未來。首先推薦公視的幾個節目，《誰來晚餐》、《獨立特派員》、《藝術很有事》。這些節目都有點紀錄片的性質，真實地反映社會背景與人生百態，少了一些加油添醋的戲劇效果，也更直接地揭露出我們所不願面對的真相。

了解其他溫層的文化與生活：誰來晚餐

《誰來晚餐》從 2008 年製播至今已來到第 13 季，每一季有數十集，每一集都會講述一個家庭的生活背景與一位公眾人物參與晚餐，進行一場對話。筆者的朋友曾經受邀成為節目採訪的家庭對象，我可以確定這個節目並沒有太多渲染而是付出更多的紀實側寫，對於市井小民的生活、節慶、成就與困境都能夠讓觀眾近距離體會。那麼，觀看這個節目對於術科考試有什麼幫助呢？因為我們每個人的都有自己的原生家庭，在往外擴展認識的可能僅限於親戚與好友，基本上可以說鎖定在一個同溫層與階級之中，**所以我們很難在生活中去理解跟我們相異同溫層的家庭，不管是條件更好的或是更差的對象。**例如，我是在市區長大的小孩，如果今天考試的題目是客家人、原住民的社區中心或是文化會館，我身邊又沒有這樣的參考對象，我能畫出來的建築設計一定是只靠想像，難免不切實際。那又該如何說服評分老師讓我過關呢？

更理解社會各階層真實生活：獨立特派員

《獨立特派員》有別於誰來晚餐以家庭為主角，而是替我們前往各條大街小巷、荒煙漫草的無人郊外甚至被黑心企業所把持的禁地，猶如戰地記者般在前線為我們採集那些極度真實的現況並做成報告，例如獨居老人、假外傭真賣淫、農地工廠、疫情下的外送員等

議題。自 2007 年製播以來，長期關照台灣不那麼光鮮亮麗的那一面，要抗權勢說真話真的不容易，也曾經有幾集節目觸碰到台灣人最敏感的政治議題而被迫下架，前陣子就是共機擾台的節目被停播。那麼，觀看這個節目對於術科考試有什麼幫助呢？他可以幫助我們用比較貼近地表的角度去觀察各種食衣住行育樂的背面、理解背後的成因，當我們具備這樣的眼光與視角，如果考題出現了有關環保、治安、經濟轉型、社會福利政策等議題，**我們在設計中的回應將更全面，才能不顯得「何不食肉糜」。**

理解藝術文創的運作與現況：藝術很有事

《藝術很有事》每集節目以一個主題為核心，包含一至三個單元，跨界探討藝術的創作內涵，很值得對各種藝術形式喜愛的讀者重複觀看的一個節目。不論是流行音樂、傳統藝術、表演藝術、電影、雕刻、繪畫、建築等，節目一律**以一般大眾為受眾導向，用簡明易懂的描述讓我們知道每個不同的藝術領域所面臨的轉變與困境。**那麼，觀看這個節目對於術科考試有什麼幫助呢？當考試中出現了音樂表演舞台或是文創市集，各位考生可以捫心自問參與過多少次這樣的活動籌辦與實際上的運作過程？我相信能夠深入理解表象背後的考生一定少之又少，那麼這時候透過這些節目的報導，你就更能身歷其境的感受某一個藝術族群的生活與需要的支援，這麼一來，在設計中也才能回應出跟其他不熟悉的考生有所不同且更深入的方案。

上述節目都是公視製播的節目，也都是以台灣為探討對象的內容。而台灣並不是世界上一座孤立的島嶼，尤其我們的存在牽動了中、美、日、韓、東南亞的政經走勢。因此若要將眼光放眼到世界上，我們同樣也需要類似性質的節目來增長見聞與眼界升級。這樣的節目其實不少，其中我比較推薦《李四端的雲端世界》、《消失的國界》，詳細內容就不多加贅述，請各位考生讀者在準備考試、茶餘飯後的空檔時間，不妨多多觀賞上述幾個用心製作的網路電視節目，一定能讓你在考場中的表現，更加宏觀、如虎添翼。

8-2 建築師要「看課外雜誌」
天下、康健、科學月刊、The News Lens……

相較於前一節的電視網路節目往往需要事先做資料的採集、整理、剪接之後才能播出，歷時較久且資訊量較為龐大，如果需要每日、每周或每月都能更立即地更新有關於社會上正在發生的大小事件，**書面雜誌或是其數位發行版是更快速入手的選項。**筆者過去在準備考試期間經常翻閱的雜誌或網路新聞平台，通常具有一個「帶狀延續討論」的特質，例如政府打房政策相較於用一集電視節目去密集討論，在雜誌或新聞平台上能夠獲得更長時間的關注，可能長達數周或數個月，除了可以追蹤政策面的討論，更能追蹤後續實行的效果與社會評價。因此，筆者在此列舉幾本值得各位考生讀者翻閱的雜誌，再請依照自己的閱讀傾向做調整。

獲知國內外時事產業生活脈動：天下雜誌

《天下》雜誌是一本匯聚國際新知、財經產業、教育人文、環境生態、兩性關係、運動健康等各項新知的雜誌，是國內發行量數一數二的雜誌。同時它也是出版社，在雜誌中所看到的信息如果讀者有價值或產生興趣的話，還可延伸閱讀該出本社所出版的相關書籍。對我而言，雜誌的定位比較像是萬花筒或是懶人包，快速翻閱個半小時左右就可以讓我知道目前最熱門的活動與消息，我再從中去挑選跟可能跟考試出題有關的訊息，接著去深耕。例如，都市危險及老舊建築物加速重建條例的相關報導在雜誌中會不斷地出現，而且也不僅有討論到法條的內容，更往外擴及到房地產昇貶或是都市防救災的乾貨內容。假設這個話題入了考題，**我將能夠比大部分只在事務所或設計公司辛苦加班到不見天日而不知社會瞬息萬變的設計師們，更有全面性的世界觀、價值觀，**那麼在考場中將很容易被評分老師識別出你是腹中有點墨水的準建築師。

與人息息相關的健康生活新訊：康健雜誌

《康健》雜誌基本上它是一本環繞在健康養生主題上的雜誌，印象中挺適合中老年人觀看的。那麼，為何我們準備考試會需要從這本雜誌中獲益呢？對筆者而言，**健康的核心就是人，而建築的核心也是人**，因此任何跟健康有關議題都可以是下一個建築世代所關心的議題。舉個正在發燒中的話題，疫情擴散與後疫情時代的人類生活，與建築有沒有關係呢？當然有，這也才產生了最新最夯的「健康建築」的話題，大大地影響了不僅公共建築也更擴及了提供大量人類住居的集合住宅設計。除此之外，關於銀髮族長期照護、青少年發展、運動政策、托嬰托幼、國內外旅遊、食衣住行育樂等相關的健康議題，也都能在這本雜誌中找到。當你能吸收到這些知識並內化成為你的思考資源，那麼不管是大小設計的方案立論基礎都將更穩固、清晰，而不是空泛地寫出一些似懂非懂的中二問答（笑）。

儲備跨領域的知識儲備：科學月刊、The News Lens 關鍵評論網……

其他關於《科學月刊》（科普新知為受眾）以及《The News Lens 關鍵評論網》（在台外籍人士為受眾）或是其他的紙本書面或網路媒體，就請各位考生讀者多多廣泛涉獵看看同類型的平台，相信都能為你在考場中的臨場反應提升效率，也讓你真正用「大人的思考」方式去回應出題老師希望從你的方案中看到的個人見解，也才足以證明你是具有獨立思考能力的建築人，可以將建築師執照或公務人員任用資格交付給你，期待在未來 10 年後能看到發光發熱的你為社會與國家做出貢獻。那麼，建築師或事務官的人選，捨你其誰。

8-3
建築師「除了大師作品集，還要看什麼書」

對於建築相關系所畢業的學生而言，閱讀各國建築大師的作品集基本上是家常便飯，但是有看並不一定有懂，更何況以我觀察，8 成以上的年輕學生、學弟妹們都只看美美的照片而已，剩下的其中 1 成會仔細的研讀圖面，最後那極少的 1 成才有可能去追尋某某大師的脈絡，**盡可能去理解造就這位建築師光輝成就與作品背後的人事時地物。** 這對筆者而言，才算是真正理解一位建築師的作品，也正因為每個作品都不是偶然冒出的，勢必參照了很多隱而未見的其他建築理論或是古典時期的建築作品，進行個人轉化之後，才讓這個建築作品顯得偉大。因此，讀作品集沒問題，問題在於你看多深。

如果平日工作繁忙、外文看不懂、沒耐心而讓你難以自行驅動去理解各位建築大師的「奧義」，最好的方法就是找一位「建築領航員」。筆者自 2021 年起便開設一系列大師建築講座，內容以面向一般大眾為主要受眾，用簡明易懂的口吻和幾經梳理的脈絡，讓對建築有興趣的每一個人都能醍醐灌頂。近年更有建築師事務所及室內設計公司邀請筆者到所內對員工進行訓練，宛如「建築家教」，不管透過何種形式，都是精進自己的另闢蹊徑。

那麼，除了作品集之外，還可以看什麼？我們都是身處於台灣的建築從業者，對於台灣的建築業如能有足夠的理解，將有助於我們從事這個古老的傳統產業。中華民國全國建築師公會雜誌社所出版的月刊《建築師》將是一個很好的認知起點，對於筆者而言，頁數前 2/3 的作品我可能不會悉數閱讀，但是後 1/3 的「特輯」會是我所觀察的重點。其中**包含了各個不同專案的訪談紀錄、構造工法的突破、法規的討論、使用者經驗、建築評論等等，都是完善建築設計流程的每一塊拼圖。** 通常也由於這部分的文字偏多，所以很多年輕的讀者都跳過不看，煞是可惜。個人認為最精華的部分莫過於此，希望提醒各位考生讀者，可回到任職的事務所中把這些雜誌給挖出來閱讀，只要建築師老闆有加入建築師公會，每個月都會有這本免費的雜誌，所以不用怕找不到，除非被秘藏了。

除此之外，我們從歷年來的大小設計題目中就可觀察到，考試不僅指考驗考生對於建築物本體的設計能力，更會要求考生具有整合環境與都市景觀的能力，甚至直接考驗考生的都市設計觀念的題目也不在少數。因此，閉門造車一直是建築系畢業生的一個最大致命傷，彷彿只有建築物本體才是焦點，但是誠如筆者一直提到，考試的型態已非過去十多年前的樣貌，而是進入到新的時代，期待考生對於建築之外的鄰里、社區、街廓、鄉鎮、市區、城市等有新的關照。筆者會推薦多多涉獵更大守備範圍的設計類書籍，**從園藝、景觀造景、城市景觀、社區再造、環境設計、都市規劃與設計等類別都是值得投資的項目，其他諸如建築企劃、空間經營管理、商業邏輯、人文藝術等領域的書籍也是增廣你身為建築師的背景知識。**是不是跟補習班很不一樣呢？補習班通常就是希望你硬 K 一些過時的設計理論或是工法技術上的口訣，這不僅與社會脫節，可能也稍嫌無趣。因此，如果各位考生想像筆者一樣「**告別補習班，建築師考試／公務人員高考第一次自己準備就上手**」，那麼請多多參考筆者這種自由度高又有趣的準備方式。在我所教授的學生中也有幾位跟筆者一樣，在短時間 2 ～ 3 年內就一箭雙鵰、雙雙上榜，就可以證明這是對國考頗有收效的方法，一起試一試吧。

第八章結語

「活在當下」是筆者在本書最後一章
要給各位考生讀者的叮嚀。保持開
放的學習心態、建立獨立思辨的習
慣,不要太容易被政治立場或意識
形態操弄而不自知,都是成為建築
師的首要條件。這樣一來,熟悉經
濟動向與趨勢潮流,議題力的生成
與掌握解對題,說該說的話、做該
做的事等都是你探囊取物的能力。
準備建築師考試的過程很像是一場
冒險,尤其若你與筆者相同,想透
過適合自己的準備方式,找到國考
上榜的方向準繩,便不忘先理解「建
築師考試就是一場賽局」的前提。
如果「賽局思維」是釣魚的方法,
那本書就是那一把釣竿。即然手上
有了方法也有了工具,方向就很清
晰可見,剩下的就是不厭其煩地練
習,把魚釣到籠子裡。

一起成為新世代的建築師吧,我們
一起共勉之。

後語

「你本來就是建築師才考上的，而不是考上才變成建築師。」——梁世偉

筆者每年 3 月在開新課時，都會找機會跟新生說出上面這一句話，成為課程的核心概念。我的課程以及你正在閱讀的這本書，**其最初的立意並不是要「把你變成建築師」，而是要幫助你「找到證明自己是建築師」的方法。**我無意要跟各位讀者把玩語意遊戲，而是老老實實地想說明，其實每位具有應考資格的建築人都可以是建築師。既然我們都能從四年制或五年制的建築系畢業了，甚至也在國內或國外選擇研究所來攻讀碩士或博士學位，更不用說我有些同學他們更早就在建築或設計專科高職就讀。這麼一段少說 4 年多則 10 來年的建築學習歷程，其實我們早就具備了成為建築師的本質學能，差別只在於有人設計能力強、有人工程能力或是歷史理論更強。我的意思是，我們的內在早就在及格分數以上的程度了，差異只在每個人的強項與弱項不一樣而已，但是都已經是建築師的體質了，這可無庸置疑。

只不過我知道，事實表現出來似乎不盡人意。

在前言中，我也分享我自身的經歷，研究所設計組拿獎畢業的我，擔任大三建築設計課兼任講師的我，去考術科也是滿頭包啊，得到了重重內傷的難看分數，這是不及格的我，以一般人的說法就是「不夠格成為建築師的我」。但是短短兩年內我痛定思痛，術科分數不只是及格而已，尤其「建築計畫與設計」這一科進步 45 分，拿到 70 分。其他學科也是如此，只用一年的時間，結構與物理環境這兩科我都進步約 50 分上下，雙雙超過 75 分。如果說及格的我就是建築師了，在短短 1～2 年的時間內，我的本質上又何嘗改變了什麼，我依舊是我啊，而我的日常工作如常、教學如常、家庭生活也如常，只不過眼尾多了一兩條皺紋罷了（笑）。

正因為我就是我，**差別只在於我已經找到「如何展現我是建築師」的方法。**所以讓本來就是建築師的我，多了一張紙印著我的照片跟名字，提醒我不須再參加考試而已。而這個所謂的「方法」根本不是什麼玄虛的理論，**本質上只是觀念的問題，並不改變你之所以為你的本質。**我以自身經歷與教學經驗驗證過後，我確信每位建築系畢業的讀者考生只要參考並調整自己的認知與實踐方法，也能夠找到屬於自己的證明途徑。首先，要相信你自己可以，全世界會一起來幫你。

感謝城邦集團麥浩斯──漂亮家居出版的邀請，苦苦等候我在繁忙的工作之餘將上課的教材整理成這本書，希望對各位茫茫的考生有所助益。我不會定義這本書是所謂的考試參考用書，反倒是更貼近於自我成長訓練的心法，只是主題與術科考試息息相關。**我更希望這本書與我創立的課程，都能幫助每位考生找到自我天賦的方法，重新尋回我們原本就擁有的禮物**，只是長時間被學業、生活、工作、人際關係等事物埋沒許久的果實。期待，在不同的場合與各位讀者相遇，我們再來聊聊這份失而復得的喜悅。

最後，我想感謝大學同學小杜、Double 這對建築師夫妻檔，沒有他們當時候願意在繁忙工作之餘當我術科與結構的小老師，我可能要花上更多的時間才能找到這份自信與勇往直前的渴望；也想感謝 OO 補習班願意收下兩千多元讓我去旁聽一堂術科評圖課，也才真正知道那樣的價值觀並不適合我這種放蕩不羈愛自由的靈魂，接著反求諸己去找到屬於自己的備考心法；我也想好好地感謝身邊的家人朋友，尤其是媽媽、岳父岳母他們總是不斷的鼓勵我，也尊重我人生中的每一個決定（這小子選擇不繼續捧鐵飯碗真的是 OOXX）；最後的最後，全世界大概只有我太太安娜能夠忍受我龜毛的性格與陰晴不定的情緒，總是用溫柔的方式威脅我不要太得寸進尺，辛苦妳了。

請各位讀者考生善待自己的身邊的每個人，只要你願意，他們都是生命中的貴人。積極進取，隨遇而安，最後送給各位一段我很喜歡但是一直做不到的話語（笑），一起來努力吧。

"God, grant me the serenity to accept the things I cannot change, courage to change the things I can, and wisdom to know the difference."

──The Serenity Prayer, Reinhold Niebuhr（1892 ～ 1971）

學科進步 50 分的方法

筆者除了「建築構造與施工」這一科學科是裸考就低空飛過以外，其他三科學科包括「營建法規與實務」、「建築結構」、「建築環境控制」都是以接近 80 分的成績過關，進步幅度動輒 40 ～ 50 分，連我自己都不敢相信。其實筆者雖然不是考上醫科的讀書料，但是不愛遵守教條的我還能國立大學與研究所畢業，國高中也是就讀當時以紀律嚴明、崇尚體罰的升學主義私立名校，考試本身是不得不面對的每日課題。差別就在於效率，如何用最短時間換取更多的分數。細節有點繁多，可能必須透過我的課程才能心領神會，在此我就簡述流程，期待有機會再與各位考生分享。

第一步：收集該科考古題

跟術科一樣，至少要下載近十年的考古題並列印成紙本，單面不須裝訂。

第二步：
先無腦瀏覽該科的筆記或參考書

印完之後先放著，開始去看該科的課本或是參考書，如果有學長姊的筆記當然更好，不需要看懂內容，只要知道該科有考那些東西。例如物理環境一科，就有空調、消防、聲音、採光、電力、給水與排水、熱負荷以及綠建築等相關考題，你只要先知道有這些大綱與差異即可。

第三步：
分類該科考古題並依照內容類別重新剪貼分類

接著，再拿出考古題，從最近一年的開始，快速判斷每一題是在考什麼，並再題目前頭寫上例如「空調」或是「日常節能」等字樣，不需要急著作答，而是先分類這十年來的考題。分類完畢之後，請拿出你的剪刀與膠水，**將屬於同樣內容的考題剪貼在同一張空白紙上，依此類推，你就會有許多不同類別的考古題，但是並不是依照年份而分，而是依照內容而分。**整理完之後就先拿去影印吧，印個兩三份備用。

第四步：
每讀完某題型就做該內容類別的考古題

嗯嗯，忙了一陣子，是不很想讀書啊？很好，就請你先讀過該科該章節該內容類別的課本或筆記，盡量把內容搞懂，不懂就問人，但是盡量在兩三天內就搞定。如果真有再怎樣都看不懂的部分也沒關係，可以開始做該內容類別的考古題。這裡要注意一點，**如果該題是用猜的，請做下可供辨認的記號或直接寫個「猜」，藉此動作分開「真心不猜」與「隨便亂猜」的題目，不可混為一談。**

第五步：
對完答案後並再次分類

接著就可以對答案了，通常第一次應該是轟轟烈烈，真心不猜的範圍中如果有 6 成以上的正確率，就已經蠻好的了，代表讀書過程中的內容大部分有吸收進你的腦袋，這時要把寫錯的題目獨立出來。而隨便亂猜的範圍中，不管寫對或寫錯都不算數，都一樣獨立出來，看要集中成同一份，或是以記號區別也可以。

第六步：
針對應該要會卻答錯的題目、猜的題目進行鑽研

上一動的第一次模擬考結束後，請針對答錯以及猜的題目做鑽研，回到課本與筆記中去找答案，如果還是有百思而不得其解的狀況，你還有時間就試著隔天再自己解解看，如果已經逼近考試而剩下不多時間，那麼就直接問人吧，虛心求教，不要撐了。

第七步：
事隔一段時間後重做一次，將錯誤率降到 10% 以下

當前一動的訂正作業都已經搞定之後，就放著去讀別科或是去畫圖。一兩周後再回來重新做一次第三步所影印備用的空白分類考古題，看看正確率是否有所提升，如果沒提升基本上代表你沒有吸收，建議再重新讀一次講義或筆記。如此的動作一直循環，直到正確率達到 9 成以上。但一直錯而剩下的那 1 成，不用執著了，那代表你該放棄這 10% 的分數，大方地送給出題老師吧。

第八步：複習

考前的複習，建議從出題數最多的內容類別開始複習，因為他的投報率最高，出題數既然最多，只要正確率夠，那麼分數都進你口袋。而總是有偏門的考題，可能每兩三年才出個一兩題，如果是很簡單的題目當然就當作消遣，輕鬆得分。如果是超級難的題目，不如就放過他也放過自己吧，反正也沒幾分。

很簡單吧！以上就是我每一個學科，沒有去補習班看錄影帶也能進步幾十分的 SOP，期待對各位考生也能發揮功效，輕鬆過關。

尊敬風俗，就不是迷信

筆者本人因為自小身處在兩個不同宗教信仰摻半的家庭中長大，東西文化各半的成長經歷讓我對很多事情都願意抱持有別於非黑即白的看法。關於考試這件事，我個人有些小小的迷信，就像有些明星足球員上下場會故意閃過白線、進球之後一定會先感謝上天一樣，我也有些小習慣可以給各位考生參考。信不信由你囉。

1. 進出考場一定要走正門

近年來各個國家考試都是在高中或國中等校園舉行偏多，而每間學校一定有正門、側門、後門之類的分別，可能各有大小。可能大多數考生會以好停車或便利的地方進出，哪管它是什麼門，我又不讀這間學校，對吧。但是呢，筆者唯一堅持的事之一，就是**我只從正門進出**，不管對我的交通動線或是上下車位置方便與否，我只願意走正門。原因跟氣場有關係，細節就不多說，說多了是迷信。

2. 一定要把貼在桌面上的准考小貼紙慢慢撕下帶回家

有參加過國考經驗的考生一定知道我在講什麼，通常在考場的那個專屬於你的桌面上會貼有一張小小的貼紙，上面載明著准考證號碼、名字、考科等資訊，方便讓監考老師核對考生的身分資料，以防有人代考。這張貼紙呢，我在考完所有該考的科目之後，**會小心翼翼地慢慢撕下並且貼在我的術科工具箱上，帶回家而不讓它留在桌面上**，避免被清潔人員用刮刀或撕走，因為那會讓我的名字破損。原因也是跟運氣有關，細節就不多說，說多了是迷信。

3. 考前不要去拜拜

臨時抱佛腳本來就不是一件好事了，而且你想想看，每年在考試之前有滿坑滿谷的人去廟裡向文昌帝君或是其他神明許願，他們的業務量爆單啊！一旦爆單就代表那些名額有限的好運會僧多粥少，早就被眾考生們分食、稀釋掉了，你就不要再去當分母了。筆者會建議，若真心想祈福的話，**在考前半年就應該先去拜拜**，而且向神明祈求的內容不應該是諸如「拜託讓我考上，我一定會報答你」或「希望考運亨通，隨便猜隨便中」；而是要祈求神明**「保佑我準備考試的過程心無旁鶩，請協助我把外務對我的阻礙降到最低程度，讓我能夠有良好的精神與健康去吸收所有的知識，考上了之後，我才有能力去幫助更多的人」**。

神明是否有感應到是一回事，但至少你已比其他的考生提早了半年提醒自己「該好好準備考試了，開始要排除障礙了，明年我就不用再墮入輪迴了」，至於原因呢，說多了是迷信。

以上小撇步請試試看，不久的將來各位準建築師功成名就之時，別忘了跟您的家人好友分享。Good Luck！

國家圖書館出版品預行編目(CIP)資料

建築師術科考試就是一場賽局：不補習，
自修就同時考上建築師、高考公務員的
方法論/梁世偉著. -- 初版. -- 臺北市：城
邦文化事業股份有限公司麥浩斯出版：
英屬蓋曼群島商家庭傳媒股份有限公司
城邦分公司發行, 2022.08

　　面；　　公分

ISBN 978-986-408-823-2(平裝)

1.CST: 建築師 2.CST: 考試指南

440.5　　　　　　　　　　111006526

建築師術科考試就是一場賽局

作者	梁世偉
責任編輯	楊宜倩
美術編輯	林宜德
活動企劃	洪　擘
編輯助理	劉婕柔
版權專員	吳怡萱
發行人	何飛鵬
總經理	李淑霞
社長	林孟葦
總編輯	張麗寶
副總編輯	楊宜倩
叢書主編	許嘉芬

出版　　城邦文化事業股份有限公司 麥浩斯出版
E-mail　cs@myhomelife.com.tw
地址　　104台北市中山區民生東路二段141號8樓
電話　　02-2500-7578

發行　　英屬蓋曼群島商家庭傳媒股份有限公司城邦分公司
地址　　104台北市中山區民生東路二段141號2樓
讀者服務專線　0800-020-299（週一至週五上午09:30～12:00；下午13:30～17:00）
讀者服務傳真　02-2517-0999
讀者服務信箱　cs@cite.com.tw
劃撥帳號　1983-3516
劃撥戶名　英屬蓋曼群島商家庭傳媒股份有限公司城邦分公司

總經銷　聯合發行股份有限公司
電話　　02-2917-8022
傳真　　02-2915-6275

香港發行　城邦（香港）出版集團有限公司
地址　　香港灣仔駱克道193號東超商業中心1樓
電話　　852-2508-6231
傳真　　852-2578-9337
電子信箱　hkcite@biznetvigator.com

馬新發行　城邦〈馬新〉出版集團
地　址　Cite（M）Sdn.Bhd.（458372U）
　　　　41, Jalan Radin Anum, Bandar Baru Sri Petaling,
　　　　57000 Kuala Lumpur, Malaysia.
電話　　603-9056-3833
傳真　　603-9057-6622

製版印刷　凱林彩印股份有限公司
版　次　2022年8月初版一刷
定　價　新台幣900元
Printed in Taiwan　著作權所有·翻印必究